普通高等教育“十三五”规划教材
新工科建设之路·计算机类规划教材

VB+VBA多功能实训指导

刘一臻　王彦明　刘　理　刘艳超　主编

電子工業出版社
Publishing House of Electronics Industry
北京·BEIJING

内 容 简 介

本书是《VB+VBA 多功能案例教程》(ISBN 978-7-121-36585-0) 的配套实训指导。本书结合全国计算机等级考试的内容，采取模块化的实训指导模式，共分为 3 个模块：VB 基础知识模块，包括 4 个单元，每个单元都有对应的实训题、实训题答案、配套教材的能力测试题答案；综合设计模块，包括 3 个单元，给出了配套教材的能力测试题答案，以及扩展的实例代码；扩展功能模块，包含 2 个单元，每个单元都有对应的自主学习和配套教材的能力测试题答案。

本书适合作为高等院校 VB 程序设计课程配套的实训教材，也可作为全国计算机等级考试培训的教学参考书。

图书在版编目（CIP）数据

VB+VBA 多功能实训指导 / 刘一臻等主编. — 北京：电子工业出版社，2020.1
ISBN 978-7-121-36583-6

I. ①V… II. ①刘… III. ①BASIC 语言－程序设计－高等学校－教学参考资料 IV. ①TP312.8

中国版本图书馆 CIP 数据核字(2019) 第 096699 号

责任编辑：刘 瑀
印 刷：三河市龙林印务有限公司
装 订：三河市龙林印务有限公司
出版发行：电子工业出版社
北京市海淀区万寿路 173 信箱 邮编：100036
开 本：787×1092 1/16 印张：9 字数：259 千字
版 次：2020 年 1 月第 1 版
印 次：2020 年 7 月第 2 次印刷
定 价：24.00 元

凡所购买电子工业出版社图书有缺损问题，请向购买书店调换。若书店售缺，请与本社发行部联系，联系及邮购电话：(010) 88254888，88258888。

质量投诉请发邮件至 zlts@phei.com.cn，盗版侵权举报请发邮件至 dbqq@phei.com.cn。

本书咨询联系方式：liuy01@phei.com.cn。

前　言

VB 程序设计是非计算机专业本科学生的专业基础课程，通过本课程，学生能够学习和掌握VB 程序设计语言的基本内容及程序设计的基本方法与技巧，了解面向对象程序设计的一般思路。VB 程序设计课程培养学生利用 VB 语言开发环境解决实际问题的能力，为学生今后使用或开发结合本行业实际工作的应用程序奠定基础。

本课程被评为辽宁科技大学校级精品课程，为了能使学生更好地掌握面向对象程序设计语言的思维模式，提高学生的自主学习能力，加强网络精品课程的建设，我们结合《VB+VBA 多功能案例教程》(ISBN 978-7-121-36585-0) 及我校学生的实际情况，编写了本配套实训指导教材，目的是激发学生的工程创新意识，提升学生的工程素养，锻炼和培养学生的工程实践能力及创新能力。本书力求做到实训内容模块化，实训目标项目化，实训案例标准化(以全国计算机等级考试为基础)，控件属性图表化(高效简洁)。本书语言流畅精练，结构清晰简明，强化和注重学生实际应用能力的培养。本书可作为高等院校 VB 程序设计课程配套的实训教材，也可作为全国计算机等级考试培训的教学参考用书。

本书由刘一臻、王彦明、刘理、刘艳超主编。由于编者的水平有限，书中不当之处恳请广大读者批评指正。

编　者

目　录

模块 1　VB 基础知识模块

模块 2 综合设计模块

模块 3 扩展功能模块

模块 1　VB 基础知识模块

第 1 单元

VB 编程基础

1.1　初识 VB

知识点 1　VB 简介
知识点 2　VB 的主要概念及界面组成
知识点 3　VB 程序设计流程

1.1.1　实训题

1．选择题

(1) Visual Basic 源程序的续行符为(　　)。

A．冒号(:)　　B．分号(;)　　C．下画线(_)　　D．连字符(-)

(2) 以下关于 VB 的叙述中，错误的是(　　)。

A．VB 的窗体模块只包含由控件组成的窗体
B．在 VB 集成开发环境中，既可以运行程序，也可以调试程序
C．VB 采用事件驱动的编程机制
D．VB 程序可以被编译为.exe 文件

(3) VB 工程文件的扩展名为(　　)。

A．.vbp　　B．.frm　　C．.vbg　　D．.bas

(4) VB 类模块文件的扩展名为(　　)。

A．.res　　B．.cls　　C．.vbp　　D．.vbg

(5) 下列描述中错误的是(　　)。

A．窗体是对象　　B．窗体必须有 Name 属性
C．窗体可以拖放和移动　　D．在设计阶段双击一个控件可以打开属性窗口

(6) 下列关于标准模块的叙述中，错误的是(　　)。

A．标准模块中的 Public 过程可以被不同窗体的程序调用

B．标准模块是一个纯代码文件

C．标准模块可以在某个窗体中建立

D．标准模块文件的扩展名为.bas

(7) 面向对象的程序设计满足(　　)。

A．虚拟化、结构化、动态化

B．封装性、继承性、多态性

C．对象的链接、动态链接、动态数据交换

D．ODBC、DDE、OLE

(8) 为了把 ActiveX 控件加到工具箱中，首先应采取的操作是(　　)。

A．选择“工程”菜单中的“部件”命令

B．选择“视图”菜单中的“工具箱”命令

C．选择“工具”菜单中的“选项”命令

D．选择“工程”菜单中的“引用”命令

(9) 为了把窗体上的某个控件变为活动的，应执行的操作是(　　)。

A．单击窗体的空白处　　B．单击该控件的内部

C．双击该属性列表框　　D．双击窗体

(10) 以下叙述中错误的是(　　)。

A．一个 Visual Basic 应用程序可以包含一或多个工程

B．一个 Sub 过程内不能嵌套定义另一个 Sub 过程

C．MsgBox 函数的返回值与在对话框中所单击的按钮有关，是一个整数

D．Visual Basic 应用程序只能以解释方式执行

(11) 以下选项中一定是一个整型变量的是(　　)。

A．x%　　B．Int_x　　C．x$　　D．x#

(12) 确定一个控件在窗体上的位置的属性是(　　)。

A．Width 或 Height　　B．Top 和 Height

C．Top 或 Width　　D．Top 和 Left

(13) 以下叙述中错误的是(　　)。

A．Visual Basic 应用程序只能以解释方式执行

B．程序运行过程中装入窗体时，系统自动触发该窗体的 Load 事件

C．打开一个工程文件时，系统自动装入与该工程有关的窗体、标准模块等文件

D．事件过程是一段程序，当相应事件发生时被调用

(14) 在 VB 集成开发环境中，在(　　)中编写代码。

A．状态栏　　B．属性列表框　　C．代码窗口　　D．标题栏

(15) 以下叙述中错误的是(　　)。

A．程序运行后，在内存中只能保留一个窗体

B．Visual Basic 应用程序既能以编译方式执行，也能以解释方式执行

C．一个工程可以包含多种类型的文件

D．对于事件驱动型应用程序，每次运行时的执行顺序可以不一样

(16) 以下叙述中错误的是(　　)。

A．一个工程中可以有多个窗体，每个窗体的 Load 事件的事件过程名称必须不同

B．一个工程中可以有多个窗体，可以在一个窗体中编写代码修改另一个窗体中文本框的内容

C．在一个工程中的多个窗体中，任何一个窗体都可以被设置为启动窗体

D．一个工程中可以有多个窗体，但每个窗体对应不同的窗体文件

(17) Visual Basic 窗体设计器的主要功能是（　　）。

A．建立用户界面　　B．编写源程序代码

C．画图　　D．显示文字

(18) 下列说法中错误的是（　　）。

A．事件是 Visual Basic 预置的，且能够被对象识别的动作

B．事件过程是指响应某个事件后执行的一段程序代码

C．一个对象可以识别一个或多个事件

D．Visual Basic 是采用对象驱动编程机制的语言

(19) 下列叙述中正确的是（　　）。

A．只有窗体才是 Visual Basic 中的对象

B．只有控件才是 Visual Basic 中的对象

C．窗体和控件都是 Visual Basic 中的对象

D．窗体和控件都不是 Visual Basic 中的对象

(20) 以下叙述中正确的是（　　）。

A．在属性窗口中只能设置窗体的属性

B．在属性窗口中只能设置控件的属性

C．在属性窗口中可以设置窗体和控件的属性

D．在属性窗口中可以设置任何对象的属性

2．程序设计题

(1) 在名称为 Form1 的窗体上画一个名称为 Shape1 的形状控件，要求在属性窗口中将其形状设置为椭圆，其长轴（水平方向）、短轴（垂直方向）的长度分别为 1600、800。将窗体的标题改为“Shape 控件”，窗体上没有最大化、最小化按钮。程序运行后的窗体如图 1-1-1 所示。

(2) 在名称为 Form1 的窗体上画一个名称为 HS 的水平滚动条，最大值为 100，最小值为 1。再画一个名称为 List1 的列表框，在属性窗口中输入列表项的值，分别是 1000、1500、2000，如图 1-1-2 所示。请编写适当的程序，使得运行程序时，当选择列表框中的某一项时，将水平滚动条的长度改变为所选中的值。

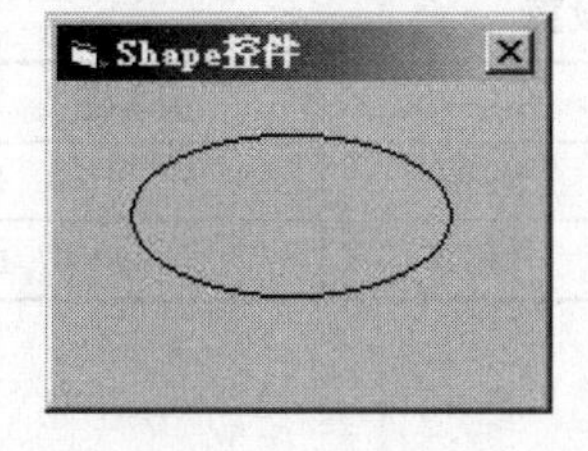

图 1-1-1　运行结果

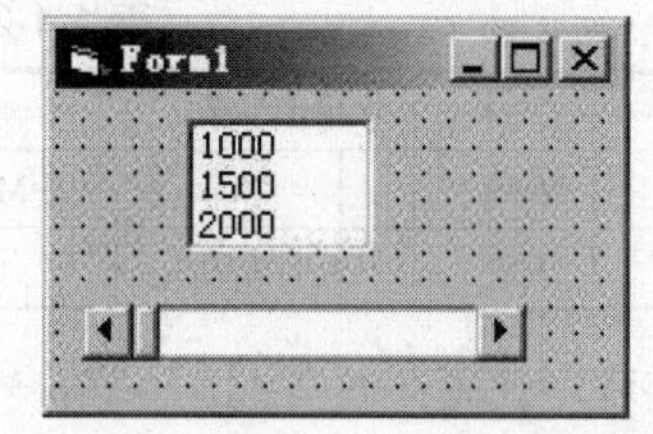

图 1-1-2　运行结果

(3) 在 Form1 窗体中有一个文本框、两个命令按钮和一个计时器。程序的功能是在程序运行时，单击“开始计数”按钮，就开始计数，每隔 1s，文本框中的数加 1；单击“停止计数”按钮，则停止计数，如图 1-1-3 所示。

(4)在名称为 Form1 的窗体上画两个文本框，其名称分别为 Text1、Text2，初始内容都为空，显示三号字，且 Text1 的初始状态为不可用。再画一个名称为 Command1、标题为“开始”的命令按钮，如图 1-1-4 所示。编写适当的事件过程，使得单击“开始”按钮后，在 Text1 文本框中输入字符串时，Text2 文本框中用大写字母的形式显示 Text1 文本框中的内容。

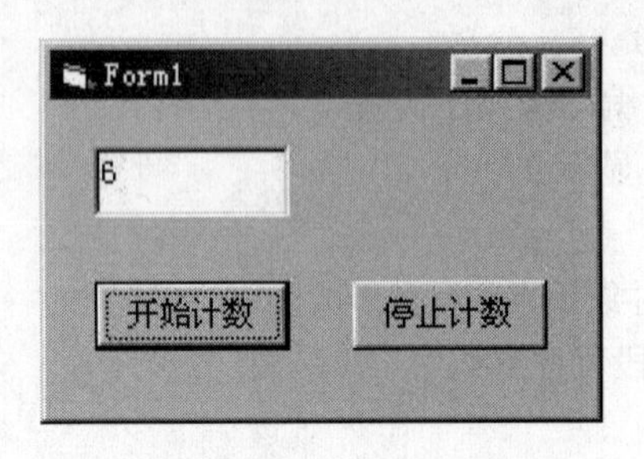

图 1-1-3　运行结果

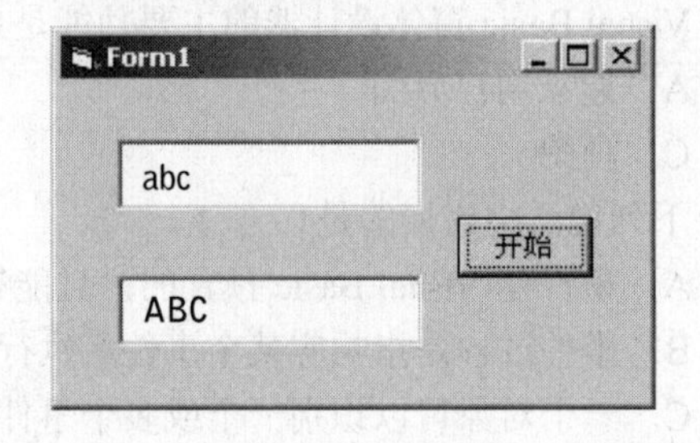

图 1-1-4　运行结果

1.1.2　实训题答案

1．选择题

题号	(1)	(2)	(3)	(4)	(5)	(6)	(7)	(8)	(9)	(10)
答案	C	A	A	B	D	C	B	A	B	D
题号	(11)	(12)	(13)	(14)	(15)	(16)	(17)	(18)	(19)	(20)
答案	A	D	A	C	A	A	A	D	C	C

2．程序设计题答案

(1)步骤①：按题目要求添加控件，并设置其属性。程序中用到的控件及其属性如表 1-1-1 所示。

表 1-1-1　属性设置

控件	形状控件				窗体		
属性	Name	Shape	Width	Height	Caption	MaxButton	MinButton
设置值	Shape1	2	1600	800	Shape 控件	False	False

步骤②：编写程序代码，调试并运行程序。

(2)步骤①：按题目要求添加控件，并设置其属性。程序中用到的控件及其属性如表 1-1-2 所示。

表 1-1-2　属性设置

控件	水平滚动条			列表框	
属性	Name	Max	Min	Name	List
设置值	HS	100	1	List1	1000、1500、2000

步骤②：编写程序代码。

```
Private Sub List1_Click()
    HS.Width = List1.Text
End Sub
```

步骤③：调试并运行程序。

(3)提示如下。

```
Private Sub Command1_Click(Index As Integer)
    Select Case Index
        Case 1
            Timer1.Enabled = False
        Case 0
            Timer1.Enabled = True
    End Select
End Sub
Private Sub Timer1_Timer()
    Text1.Text = Text1.Text + 1
End Sub
```

(4)步骤①：新建一个窗体，并设置控件的属性。程序中用到的控件及其属性如图 1-1-3 所示。

表 1-1-3　属性设置

控件	命令按钮		文本框				文本框		
属性	Name	Caption	Name	Text	FontSize	Enabled	Name	Text	FontSize
设置值	Command1	开始	Text1		三号	False	Text2		三号

步骤②：编写程序代码。

```
Private Sub Command1_Click()
    Text1.Enabled = True
End Sub
Private Sub Text1_Change()
    Text2 = UCase(Text1)
End Sub
```

步骤③：调试并运行程序。

1.1.3　能力测试题答案

1. 选择题

题号	(1)	(2)	(3)	(4)	(5)	(6)	(7)	(8)	(9)	(10)
答案	D	A	D	A	B	C	A	D	A	B
题号	(11)	(12)	(13)	(14)	(15)	(16)	(17)	(18)	(19)	(20)
答案	A	D	B	D	C	C	C	B	A	B

2. 程序设计题

(1)步骤①：新建一个窗体，并设置控件的属性。程序中用到的控件及其属性如表 1-1-4 所示。

表 1-1-4　属性设置

控件	水平滚动条					标签		
属性	Name	Min	Max	SmallChange	Value	Name	Caption	AutoSize
设置值	HScroll1	1	80	2	30	Label1	设置速度	True

步骤②：调试并运行程序。

(2)步骤①：新建一个窗体，在属性窗口设置窗体的 Caption 属性为“图形控件”，并设置控件的属性。程序中用到的控件及其属性如表 1-1-5 所示。

表 1-1-5 属性设置

控件	命令按钮		命令按钮		形状控件
属性	Name	Caption	Name	Caption	Name
设置值	Command1	圆形	Command2	红色边框	Shape1

步骤②：编写程序代码。

```
Private Sub Command1_Click()
    Shape1.Shape = 3
End Sub
    Private Sub Command2_Click()
    Shape1.BorderColor = &HFF&
End Sub
```

步骤③：调试并运行程序。

(3) 步骤①：新建一个窗体，在属性窗口中设置窗体的 Caption 属性为“字体练习”，在窗体上放置一个标签控件，在属性窗口设置其 Caption 属性为“程序设计语言”，Font 属性中的字体为“宋体”、大小为“16”，AutoSize 属性为 True。再放置两个命令按钮，在属性窗口中分别设置其 Caption 属性为“粗体变换”和“斜体变换”。

步骤②：编写程序代码。

```
Private Sub Command1_Click()
    Label1.FontBold = Not Label1.FontBold
End Sub
Private Sub Command2_Click()
    Label1.FontItalic = Not Label1.FontItalic
End Sub
```

步骤③：调试并运行程序。

(4) 步骤①：新建一个窗体，并设置控件的属性。程序中用到的控件及属性如表 1-1-6～表 1-1-8 所示。

表 1-1-6 属性设置

控件	文本框		框架		框架	
属性	Name	Text	Name	Caption	Name	Caption
设置值	Text1		Frame1	对齐方式	Frame2	字体

表 1-1-7 属性设置

控件	单选按钮		单选按钮	
属性	Name	Caption	Name	Caption
设置值	Option1	左对齐	Option2	居中

表 1-1-8 属性设置

控件	单选按钮		单选按钮		单选按钮	
属性	Name	Caption	Name	Caption	Name	Caption
设置值	Option3	右对齐	Option4	宋体	Option5	黑体

步骤②：编写程序代码。

```
Private Sub Option1_Click()
```

```
        Text1.Alignment = 0
    End Sub
    Private Sub Option2_Click()
        Text1.Alignment = 2
    End Sub
    Private Sub Option3_Click()
        Text1.Alignment = 1
    End Sub
    Private Sub Option4_Click()
        Text1.FontName = "宋体"
    End Sub
    Private Sub Option5_Click()
        Text1.FontName = "黑体"
    End Sub
```

步骤③：调试并运行程序。

1.2　VB 语言基础

知识点 1　VB 的数据类型

知识点 2　VB 的常量和变量

知识点 3　VB 的运算符和表达式

知识点 4　VB 的常用函数

1.2.1　实训题

1．选择题

(1) 以下合法的 VB 变量名是（　　）。

A．_x　　B．2y　　C．a#b　　D．x_1_x

(2) 有如下代码：

```
Dim a, b As Integer
Print a
Print b
```

执行以上代码，下列叙述中错误的是（　　）。

A．输出的 a 值是 0　　B．输出的 b 值是 0

C．a 是变体型变量　　D．b 是整型变量

(3) 要计算 x 的平方根并放入变量 y 中，正确的语句是（　　）。

A．y=Exp(x)　　B．y=Sgn(x)　　C．y=Int(x)　　D．y=Sqr(x)

(4) Print Right("VB Programming", 2) 语句的输出结果是（　　）。

A．VB　　B．Programming　　C．ng　　D．2

(5) 表达式 12 / 2 \ 4 的值是（　　）。

A．1.5　　B．2　　C．4　　D．1

(6) 以下表达式与 Int(3.5) 的值相同的是（　　）。

A．CInt(3.5)　　B．Val(3.5)　　C．Fix(3.5)　　D．Abs(3.5)

(7) 下列运算符中，优先级最低的是（　　）。

A．Not　　B．Like　　C．Mod　　D．And

(8) 在标准模块中，将 a 定义为全局整型变量的语句是（　　）。

A．Static a As Integer　　B．Dim a As Integer

C．Private a As Integer　　D．Public a As Integer

(9) 下列说法中，错误的是（　　）。

A．变量名长度不能超过 127 个字符　　B．变量名的第一个字符必须是字母

C．变量名不能使用保留字　　D．变量名只能由字母、数字和下画线组成

(10) 语句 x = x + 1 的正确含义是（　　）。

A．变量 x 的值等于表达式 x + 1 的值　　B．将变量 x 的值存放到变量 x + 1 中

C．将变量 x 的值加 1 后赋予变量 x　　D．将变量“x + 1”的值存放到变量 x 中

(11) 函数表达式 Sgn(−10) 的值是（　　）。

A．−1　　B．0　　C．1　　D．10

(12) VB 变量 x!的数据类型是（　　）。

A．单精度浮点型　　B．字符串型　　C．整型　　D．双精度浮点型

(13) 以下表达式与 Int(3.5) 的值相同的是（　　）。

A．CInt(3.5)　　B．Val(3.5)　　C．Fix(3.5)　　D．Abs(3.5)

(14) 能正确表述“x 为大于或等于 5 并且小于 20 的数”的 Visual Basic 表达式是（　　）。

A．x>=5　And　x<20　　B．x>=5　Or　x<20

C．5<=x<20　　D．5<=x<=20

(15) 表达式 Abs(−5) + Len("abcde") 的值是（　　）。

A．10　　B．0　　C．5abcde　　D．−5ABCDE

(16) 下面说法中正确的是（　　）。

A．设 a=4，b=3，c=2，则语句 Print a>b>c 的输出结果为 False

B．语句 Const B As Double = Sin(2) 的作用是定义名称为 B 的符号常量

C．Case y Is>=80 是一个合法的 Case 子句

D．MsgBox 函数没有返回值

(17) 以下叙述中正确的是（　　）。

A．在某个 Sub 过程中定义的局部变量可以与其他事件过程中定义的局部变量同名，但其作用域只限于定义它的过程

B．局部变量的作用域可以超出其所在过程

C．在标准模块中定义的变量都是全局变量

D．过程中的所有局部变量的初值为 0

(18) 产生 100 以内（不含 100）的两位随机整数的 Visual Basic 表达式是（　　）。

A．Int(Rnd(1)*91)+10　　B．Int(Rnd(1)*90)+10

C．Int(Rnd(1)*91)+11　　D．Int(Rnd(1)*90)+11

(19) 设程序中分别将 a、b、c、d 定义为布尔型、整型、字符串型、日期型变量，下列赋值语句中错误的是（　　）。

A．a= #True#　　B．b=4.6　　C．c=5 & 10　　D．d=#2013/01/01#

(20) 下列语句中错误的是（　　）。

A．a + 1 = x　　B．x = a + 1

C．If x = a + 1 Then Print x　　D．If a + 1 = x Then Print x

2．程序设计题

(1)在名称为 Form1 的窗体上用名称为 Shape1 的形状控件画一个圆，其直径为 1000(高、宽均为 1000)；再画两个命令按钮，标题分别为“垂直线”和“水平线”，名称分别为 Command1 和 Command2，如图 1-2-1 所示。然后编写两个命令按钮的 Click 事件过程。程序运行后，若单击“垂直线”按钮，则圆的内部用垂直线填充；若单击“水平线”按钮，则圆的内部用水平线填充。

(2)在名称为 Form1、标题为“矩形与直线”的窗体上画一个名称为 Line1 的直线，其 X1、Y1 属性分别为 200、100，X2、Y2 属性分别为 2200、1600。再画一个名称为 Shape1 的矩形，并设置适当属性，使 Line1 成为它的对角线，如图 1-2-2 所示。

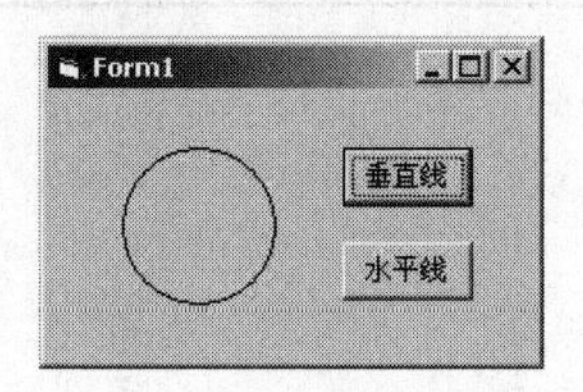

图 1-2-1　运行结果

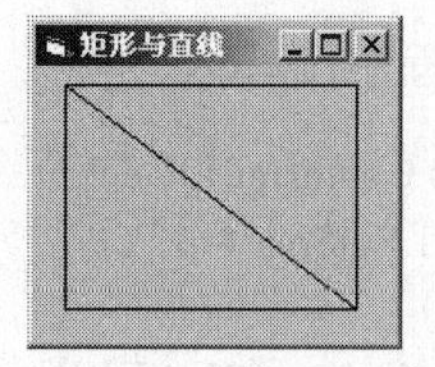

图 1-2-2　运行结果

(3)在名称为 Form1 的窗体上画一个名称为 C1、标题为“变宽”的命令按钮，窗体标题为“改变按钮大小”。请编写此按钮的 Click 事件过程，使得单击此按钮时，按钮水平方向的宽度增加 100。程序运行后的窗体如图 1-2-3 所示。

(4)在名称为 Form1 的窗体上画一个名称 Shape1 的形状控件，再画一个名称为 L1 的列表框，并在属性窗口中设置列表项的值为 1、2、3、4、5。将窗体的标题设为“图形控件”。请编写列表框 L1 的 Click 事件过程，实现在程序运行时，单击列表框中的某一项，按照所选的值改变形状控件的形状。例如，选择 3，形状控件被设为圆形，如图 1-2-4 所示。

图 1-2-3　运行结果

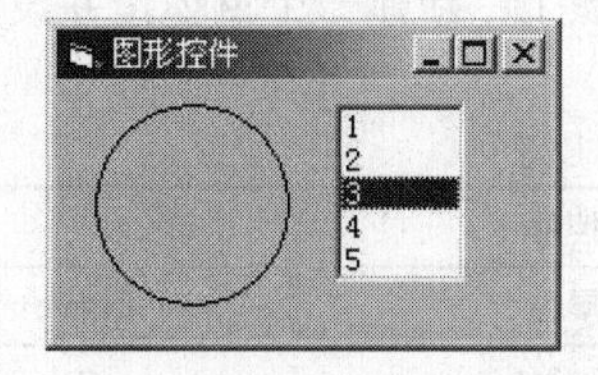

图 1-2-4　运行结果

1.2.2　实训题答案

1．选择题

题号	(1)	(2)	(3)	(4)	(5)	(6)	(7)	(8)	(9)	(10)
答案	D	A	D	C	D	C	D	D	A	C
题号	(11)	(12)	(13)	(14)	(15)	(16)	(17)	(18)	(19)	(20)
答案	A	A	C	A	A	A	A	B	A	A

2．程序设计题

(1)步骤①：按照题目要求建立窗体和控件，并设置控件的属性。程序中用到的控件及其属性如表 1-2-1 和表 1-2-2 所示。

表 1-2-1　属性设置

控件	形状控件			
属性	Name	Height	Width	Shape
设置值	Shape1	1000	1000	3

表 1-2-2　属性设置

控件	命令按钮		命令按钮	
属性	Name	Caption	Name	Caption
设置值	Command1	垂直线	Command2	水平线

步骤②：编写程序代码。

```
Private Sub Command1_Click()
    Shape1.FillStyle = 3
End Sub
Private Sub Command2_Click()
    Shape1.FillStyle = 2
End Sub
```

步骤③：调试并运行程序。

(2)步骤①：新建一个窗体 Form1，在窗体中添加一个直线，将直线的 X1 属性设置为 200，将直线的 X2 属性设置为 2200，将直线的 Y1 属性设置为 100，将直线的 Y2 属性设置为 1600。然后再添加一个矩形，设置其 Left 属性为 200，Top 属性为 100，Width 属性为 2000，Height 属性为 1500。最后将 Form1 的 Caption 属性设置为矩形与直线。

步骤②：调试并运行程序。

(3)步骤①：新建一个窗体，并设置控件的属性。程序中用到的控件及其属性如表 1-2-3 所示。

表 1-2-3　属性设置

控件	命令按钮		窗体	
属性	Name	Caption	Name	Caption
设置值	C1	变宽	Form1	改变按钮大小

步骤②：编写程序代码。

```
Private Sub C1_Click()
    C1.Width = C1.Width + 100
End Sub
```

步骤③：调试并运行程序。

(4)步骤①：新建一个窗体，并设置控件的属性。程序中用到的控件及其属性如表 1-2-4 所示。

表 1-2-4　属性设置

控件	形状控件	列表框		窗体	
属性	Name	Name	List	Name	Caption
设置值	Shape1	L1	1、2、3、4、5	Form1	图形控件

步骤②：编写程序代码。

```
Private Sub L1_Click()
    Shape1.Shape = L1.Text
End Sub
```

步骤③：调试并运行程序。

1.2.3　能力测试题答案

1. 选择题

题号	(1)	(2)	(3)	(4)	(5)	(6)	(7)	(8)	(9)	(10)
答案	A	B	D	C	B	D	C	B	B	D
题号	(11)	(12)	(13)	(14)	(15)	(16)	(17)	(18)	(19)	(20)
答案	A	C	D	D	A	C	D	D	B	C

2. 程序设计题

(1) 编写程序代码。

```
Private Sub Button1_Click()
        Dim a, b As Single
        a = TextBox1.Text
        b = TextBox2.Text
        TextBox3.Text = a + b
End Sub
Private Sub Button2_Click()
        Dim a, b As Single
        a = TextBox1.Text
        b = TextBox2.Text
        TextBox3.Text = a – b
End Sub
Private Sub Button3_Click()
        Dim a, b As Single
        a = TextBox1.Text
        b = TextBox2.Text
        TextBox3.Text = a * b
End Sub
Private Sub Button4_Click()
        Dim a, b As Single
        a = TextBox1.Text
        b = TextBox2.Text
            If b = 0 Then
                MessageBox.Show("除数为零")
            Else
                TextBox3.Text = a / b
            End If
End Sub
Private Sub Button5_Click()
        End
End Sub
```

(2) 编写程序代码。

```
Private Sub Button1_Click()
        Dim a, b, c, d, y As Single
        a = TextBox1.Text
        b = a \ 100
        c = (a – 100 * b) \ 10
        d = a – 100 * b – 10 * c
        TextBox2.Text = d & c & b
End Sub
```

(3)编写程序代码。

```
Private Sub Button1_Click()
        Dim a, b, c As Integer
        Dim s As Long
        a = Text1.Text
        b = Text2.Text
        s = a * b
        c = 2 * (a + b)
        Text3.Text = s
        Text4.Text = c
End Sub
```

(4)编写程序代码。

```
Private Sub Button1_Click()
        Dim a, b, c, delta As Double
        a = TextBox1.Text
        b = TextBox2.Text
        c = TextBox3.Text
        delta = b * b – 4 * a * c
        If delta > 0 Then
            Label5.Visible = True
            Label6.Visible = True
            Label4.Text = "方程有两个不相等的实根"
            Label5.Text = "X1=" & ((–b + Math.Sqrt(delta)) / 2 / a)
            Label6.Text = "X2=" & ((–b – Math.Sqrt(delta)) / 2 / a)
        ElseIf delta = 0 Then
            Label4.Text = "方程有两个相等的实根"
            Label5.Visible = True
            Label5.Text = "X1=X2=" & (–b / 2 / a)
            Label6.Visible = False
        Else
            Label4.Text = "方程没有实根"
            Label5.Visible = False
            Label6.Visible = False
        End If
End Sub
Private Sub Button2_Click()
        End
End Sub
```

1.3 VB 流程控制语句

知识点 1　VB 的顺序结构

知识点 2　VB 的选择结构
知识点 3　VB 的循环结构
知识点 4　VB 程序设计的常用算法
知识点 5　VB 程序调试

1.3.1　实训题

1．选择题

(1) 下面的程序运行后，显示的结果是(　　)。

```
Dim x%
If x Then
    Print x+1
Else Print x
```

A．1　　B．0　　C．显示错误信息　　D．2

(2) 关于语句 If x = 1 Then y = 1，下面的说法正确的是(　　)。

A．x = 1 和 y = 1 均为赋值语句

B．x = 1 和 y = 1 均为关系表达式

C．x = 1 为赋值语句，y = 1 为关系表达式

D．x = 1 为关系表达式，y = 1 为赋值语句

(3) 在窗体上画一个文本框、一个标签和一个命令按钮，其名称分别为 Text1、Label1 和 Command1，然后编写如下两个事件过程：

```
Private Sub Command1_Click()
    strText = InputBox("请输入")
    Text1.Text = strText
End Sub
Private Sub Text1_Change()
    Label1.Caption = Right(Trim(Text1.Text), 3)
End Sub
```

运行程序后，单击命令按钮，如果在输入对话框中输入 abcdef，则在标签中显示的内容是(　　)。

A．abcdef　　B．abc　　C．空　　D．def

(4) 下列语句段运行时的循环次数是(　　)。

```
For i=3 to 9
    s=s+i
Next i
```

A．10　　B．8　　C．9　　D．7

(5) 下面的分段函数，不正确的程序段是(　　)。

A．
```
If x >= 1 Then f=sqr(x+1)
    f=x*x+3
```

B．
```
If x >= 1 Then f=sqr(x+1)
    If x < 1 Then f=x*x +3
```

C．
```
If x >= 1 Then f=sqr(x+1) _
    Else f = x*x +3
```

D．
```
If x < 1 Then f=x*x +3 _
    Else f=sqr(x+1)
```

(6) 下面的程序，运行后显示的结果是(　　)。

```
Dim x
x= Int(RnD) + 5
```

```
Select Case x
    Case 5
        Print "优秀"
    Case 4
        Print "良好"
    Case 3
        Print "及格"
    Case Else
        Print "不及格"
End Select
```

A．不及格　　B．良好　　C．及格　　D．优秀

(7) 求两个数中的较大数，(　　) 不正确。

A．Max = IIF (x > y, x, y)　　B．If x > y Then Max = x Else Max = y

C．Max = x If y >= x Max = y　　D．If y >= x Max = y Max = x

(8) 下列循环语句能正常结束的是(　　)。

A．
```
i = 5
Do
    i = i + 1
Loop Until i < 0
```

B．
```
i = 1
Do
    i = i + 2
Loop Until i = 10
```

C．
```
i = 10
Do
    i = i - 1
Loop Until i < 0
```

D．
```
i = 6
Do
    i = i - 2
Loop Until i = 1
```

(9) 在窗体上画一个名称为 Command1 的命令按钮，然后编写如下事件过程：

```
Private Sub Command1_Click()
    For n=1 To 20
        If n Mod 3<>0 Then m=m+n\3
    Next n
    Print n
End Sub
```

程序运行后，若单击命令按钮，则窗体上显示的内容是(　　)。

A．15　　B．18　　C．21　　D．24

(10) 在窗体上画一个名称为 Text1 的文本框和一个名称为 Command1 的命令按钮，然后编写如下事件过程：

```
Private Sub Command1_Click()
    Dim i As Integer,n As Integer
    For i=0 To 50
        i=i+3
        n=n+1
        If i>10 Then Exit For
    Next
    Text1.Text=Str(n)
End Sub
```

程序运行后，若单击命令按钮，则在文本框中显示的值是(　　)。

A．2　　B．3　　C．4　　D．5

(11) 设 X 初值为 0，下列循环语句执行后，X 的值等于（ ）。

```
For i=1 To 10   Step 2
    X=X+i
Next   i
```

A．25　　B．36　　C．24　　D．27

(12) 有如下程序：

```
Private Sub Form_Click()
        xcase=1
        t=InputBox("请输入一个数：")
        Select Case t
                Case Is>0
                        Y=xcase+1
                Case Is=0
                        Y=xcase+2
                Case Else
                        Y=xcase+3
        End Select
        Print xcase;Y
End Sub
```

若输入-1，输出结果为（ ）。

A．1　4　　B．1　3　　C．1　2　　D．1　1

(13) 下列程序显示（ ）个"#"。

```
For i=1 to 5
  For j=2 to 5
    Print "#"
  Next j
Next i
```

A．25　　B．10　　C．20　　D．15

(14) 设有如下程序：

```
Private Sub Command1_Click()
    Dim c As Integer,d As Integer
    c=4
    d=InputBox("请输入一个整数")
    Do While d>0
        If d>c Then
            c=c+1
        End If
        d=InputBox("请输入一个整数")
    Loop
    Print c+d
End Sub
```

程序运行后，单击命令按钮，若在输入对话框中依次输入 1、2、3、4、5、6、7、8、9、0，则输出结果是（ ）。

A．12　　B．11　　C．10　　D．9

(15) 若 A 为整数，且|A|>=100，则打印"Ok"，否则打印"Error"，表示这个条件的单行语句是（ ）。

A．If Int(A)=A And Sqr(A)>=100 Then Print "Ok" Else Print "Error"

B．If Int(A)=A And (A>=100,A<=-100) Then Print "Ok" Else Print "Error"

C．If Fix(A)=A And Abs(A)>=100 Then Print "Ok" Else Print "Error"

D．If Fix(A)=A And A>=100 And A<=-100 Then Print "Ok" Else Print "Error"

(16)在窗体上画一个命令按钮，名称为 Command1，然后编写如下事件过程：

```
Private Sub Command1_Click()
  Dim i As Integer, x As Integer
  For i = 1 To 6
    If i = 1 Then x = i
    If i <= 4 Then
      x = x + 1
    Else
      x = x + 2
    End If
  Next i
  Print x
End Sub
```

程序运行后，单击命令按钮，其输出结果为(　　)。

A．9　　B．6　　C．12　　D．15

(17)在窗体上画一个名称为 Command1 的命令按钮，然后编写如下事件过程：

```
Private Sub Command1_Click()
    Static x As Integer
    Cls
        For t=1 To 2
            y=y+x
            x=x+2
        Next t
    Print x,y
End Sub
```

程序运行后，连续三次单击命令按钮后，窗体上显示的是(　　)。

A．4 2　　B．12 18　　C．12 30　　D．4 6

(18)在窗体上画两个文本框(其名称分别为 Text1 和 Text2)和一个命令按钮(其名称为 Command1)，然后编写如下事件过程：

```
Private Sub Command1_Click()
    x=0
    Do While x<50
        x=(x+2)*(x+3)
        n=n+1
    Loop
Text1.Text=Str(n)
Text2.Text=Str(x)
End Sub
```

程序运行后，单击命令按钮，在两个文本框中显示的值分别为(　　)。

A．1 和 0　　B．2 和 72　　C．3 和 50　　D．41 和 68

(19)有如下程序：

```
For i=1 to 3
    For j=5 to 1 Step -1
        Print i*j
    Next j
Next i
```

则语句 Print i*j 的执行次数是（　　）。

A．15　　B．16　　C．17　　D．18

(20) 在窗体上画一个名称为 Command1 的命令按钮，然后编写如下事件过程：

```
Private Sub Command1_Click()
    a = "ABBACKDIEKEI"
    For I = 9 To 2 Step -3
        x = Mid(a, I, I)
        y = Left(a, I)
        z = Right(a, I)
        z = x & y & z
    Next I
    Print z
End Sub
```

程序运行后，单击命令按钮，输出结果是（　　）。

A．BACABBKEI　　B．EKEIABBACKDIEAACKEIEKEI

C．DEIEKEIABBACKDIEKEI　　D．ACKABBKEI

2．程序设计题

(1) 窗体上有一个名称为 Label1、标题为"标签控件"的标签；有一个名称为 Command1、标题为"命令按钮"的命令按钮。单击上述两个控件中的任意一个控件，则将"单击"二字与所单击控件的标题内容合并后，再显示到标签 Label2 中，图 1-3-1 所示是单击"命令按钮"按钮后的窗体外观。

(2) 在名称为 Form1 的窗体上画一个名称为 Text1 的文本框；画两个标题分别为"对齐方式"和"字体"，名称分别为 Frame1、Frame2 的框架；在 Frame1 框架中画三个单选按钮，标题分别为"左对齐""居中""右对齐"，名称分别为 Option1、Option2、Option3；在 Frame2 框架中画两个单选按钮，标题分别为"宋体""黑体"，名称分别为 Option4、Option5。编写五个单选按钮的 Click 事件过程，使程序运行时，单击这些单选按钮，可以对文本框中的文字实现相应的操作，如图 1-3-2 所示。

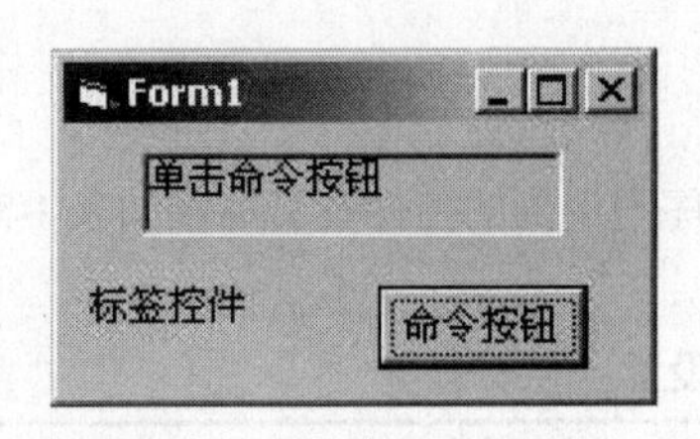

图 1-3-1　运行结果

图 1-3-2　运行结果

(3) 一只猴子一天摘了若干个桃子，当天吃了一半多一个，第二天吃了剩下的一半多一个，以后每天都吃剩下的一半多一个，直到第 8 天早上要吃时只剩下一个桃子。编写程序，求猴子第一天摘了多少个桃子，运行结果如图 1-3-3 所示。

(4) 设计和编写 VB 程序，实现单击窗体时，窗体显示如图 1-3-4 所示的图案。

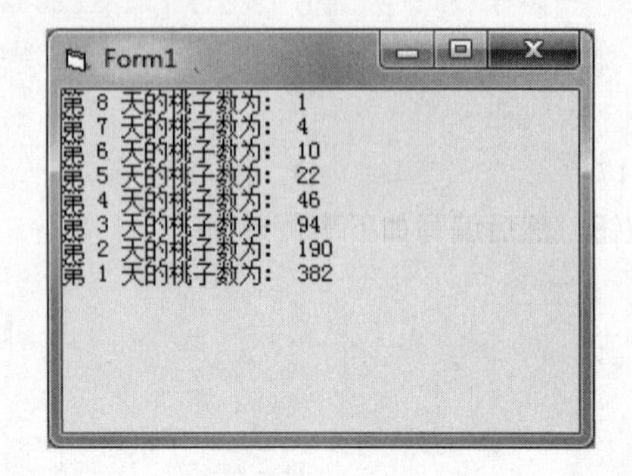

图 1-3-3　运行结果

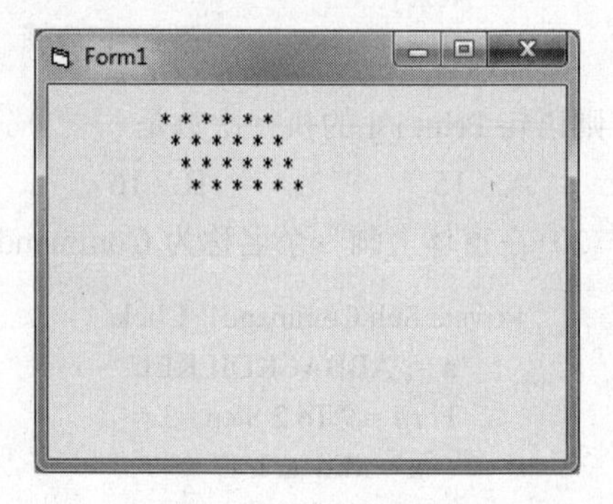

图 1-3-4　运行结果

1.3.2　实训题答案

1. 选择题

题号	(1)	(2)	(3)	(4)	(5)	(6)	(7)	(8)	(9)	(10)
答案	B	D	D	D	A	D	D	C	C	B
题号	(11)	(12)	(13)	(14)	(15)	(16)	(17)	(18)	(19)	(20)
答案	A	A	C	D	C	A	A	B	A	A

2. 程序设计题

(1) 步骤①：新建一个窗体，并设置控件的属性。程序中用到的控件及属性如表 1-3-1 所示。

表 1-3-1　属性设置

控件	命令按钮		标签		标签	
属性	Name	Caption	Name	Caption	Name	Caption
设置值	Command1	命令按钮	Label1	标签控件	Label2	空

步骤②：编写程序代码。

```
Private Sub Command1_Click()
    Label2.Caption = "单击" & Command1.Caption
End Sub
Private Sub Label1_Click()
    Label2.Caption = "单击" & Label1.Caption
End Sub
```

步骤③：调试并运行程序。

(2) 步骤①：新建一个窗体，并设置控件的属性。程序中用到的控件及其属性如表 1-3-2～表 1-3-4 所示。

表 1-3-2　属性设置

控件	文本框	框架		框架	
属性	Name	Name	Caption	Name	Caption
设置值	Text1	Frame1	对齐方式	Frame2	字体

表 1-3-3　属性设置

控件	单选按钮		单选按钮	
属性	Name	Caption	Name	Caption
设置值	Option1	左对齐	Option2	居中

表 1-3-4　属性设置

控件	单选按钮		单选按钮		单选按钮	
属性	Name	Caption	Name	Caption	Name	Caption
设置值	Option3	右对齐	Option4	宋体	Option5	黑体

步骤②：编写程序代码。

```
Private Sub Option1_Click()
    Text1.Alignment = 0
End Sub
Private Sub Option2_Click()
    Text1.Alignment = 2
End Sub
Private Sub Option3_Click()
    Text1.Alignment = 1
End Sub
Private Sub Option4_Click()
    Text1.FontName = "宋体"
End Sub
Private Sub Option5_Click()
    Text1.FontName = "黑体"
End Sub
```

步骤③：调试并运行程序。

(3) 步骤①：创建一个“标准 EXE”类型的应用程序。

步骤②：编写程序代码。此题是递推问题，先从最后一天推出倒数第二天的桃子数，再从倒数第二天推出倒数第三天的桃子数，以此类推。假设第 n 天的桃子数为 s，则前一天的桃子数为 $(s+1)$ *2。代码如下：

```
Option Explicit
Private Sub Form_Click()
     Dim d%, s%
     Cls
     s = 1
     d = 8
     Print "第"; d; "天的桃子数为："; s
     Do
          s = (s + 1) * 2
          d = d - 1
          Print "第"; d; "天的桃子数为："; s
          Loop Until d = 1
End Sub
```

步骤③：调试并运行程序。

(4) 编写程序代码。

```
Private Sub Form_Click()
```

```
        Print
          For i = 1 To 4
             Print Tab(10);
             Print Spc(1 + i);
             For j = 1 To 6
               Print "* ";
             Next j
               Print
          Next i
     End Sub
```

1.3.3 能力测试题答案

1. 选择题

题号	(1)	(2)	(3)	(4)	(5)	(6)	(7)	(8)	(9)	(10)
答案	D	B	C	A	C	C	D	C	D	B
题号	(11)	(12)	(13)	(14)	(15)	(16)	(17)	(18)	(19)	(20)
答案	C	B	B	D	B	A	D	B	A	B

2. 程序设计题

(1)步骤①：新建一个窗体，程序中用到的控件及其属性如表 1-3-5 所示。

表 1-3-5 属性设置

控件	单选按钮		单选按钮		复选框		复选框	
属性	Name	Caption	Name	Caption	Name	Caption	Name	Caption
设置值	Opt1	男生	Opt2	女生	Ch1	体育	Ch2	音乐

步骤②：编写程序代码。

```
   Private Sub C1_Click()
       If Ch2.Value And Ch1.Value Then
            Text2 = "我的爱好是体育音乐"
       ElseIf Ch2.Value And Ch1.Value = False Then
            Text2 = "我的爱好是音乐"
       ElseIf Ch1.Value And Ch2.Value = False Then
            Text2 = "我的爱好是体育"
       Else
            Text2 = ""
       End If
       If Op1.Value Then
            Text1 = "我是男生"
       ElseIf Op2.Value Then
            Text1 = "我是女生"
       Else
            Text1 = ""
       End If
   End Sub
```

步骤③：调试并运行程序。

(2)编写程序代码。

```
Private Sub Command1_Click()
    Dim flag As Boolean, name As String
    flag = False
    For k = 1 To List1.ListCount – 1
        n% = InStr(List1.List(k), " ")
        name = Left(List1.List(k), n – 1)
        If RTrim(Text1) = name Then
            price = Val(Right(List1.List(k), 4))
            flag = True
            Exit For
        End If
    Next k
    If flag = True Then
        Text3 = Val(Text2) * price
    Else
        Text3 = "无此商品"
    End If
End Sub
```

(3)编写程序代码。

```
Private Sub Command1_Click()
    Dim m As Integer, n As Integer                'n存放最长单词的长度
    Dim s As String, word_s As String
    Dim word_max As String                        'word_max存放最长单词
    s = Trim(Text1.Text)
    Do While Len(s) > 0
        m = InStr(s, Space(1))
        If m = 0 Then
            word_s = s
            s = ""
        Else
            word_s = Left(s, m – 1)               '分离出一个单词
            s = Mid(s, m + 1)                     '剩余内容放入s
        End If
        If n < Len(word_s) Then
            n = Len(word_s)
            word_max = word_s
        End If
    Loop
    Text2.Text = word_max
End Sub
Private Sub Command2_Click()
    Text1.Text = ""
    Text2.Text = ""
    Text1.SetFocus
End Sub
```

(4) 编写程序代码。

```
Private Sub Form_Click()
    For i = 1 To 5
        For j = 1 To 6 – i
            Print " ";
        Next j
        For j = 1 To 2 * i–1
            Print "*";
        Next j
        Print
    Next i
    For i = 1 To 4
    For j = 1 To i+1
            Print " ";
        Next j
    For j = 1 To 9–2 * i
            Print "*";
        Next j
        Print
    Next i
End Sub
```

第2单元

用户界面设计

2.1 VB控件的使用

知识点1　VB常用的标准控件
知识点2　VB其他控件的应用

2.1.1 实训题

1．选择题

(1)任何控件都具有的属性为(　　)。

A．Name　　B．Caption　　C．ForeColor　　D．FontName

(2)在窗体上添加一个命令按钮Command1，并将其Caption属性设置为cmd1、Name属性设置为cmd2，则关于该控件，下列语句正确的是(　　)。

A．Command1.Top=200　　B．cmd1.Top=100
C．cmd2.Top=100　　D．以上语句都不对

(3)要使一个标签透明且具有边框，则应(　　)。

A．将其BackStyle属性设置为0，BorderStyle属性设置为0
B．将其BackStyle属性设置为1，BorderStyle属性设置为1
C．将其BackStyle属性设置为1，BorderStyle属性设置为0
D．将其BackStyle属性设置为0，BorderStyle属性设置为1

(4)设置文本框允许输入的最大字符数的属性为(　　)。

A．Length　　B．SelLength　　C MaxLength　　D．MultiLine

(5)假定在Form1窗体上画了多个控件，且选中其中一个控件，如果想设置Form1窗体的属性，预先应执行的操作是(　　)。

A．单击任意一个控件　　B．单击窗体上没有控件的地方
C．双击任意一个控件　　D．单击属性窗口的标题栏

(6)在VB中，所有标准控件都具有的属性是(　　)。

A．Value　　B．Text　　C．Caption　　D．Name

(7)窗体上有一个如图2-1-1所示的窗体，控件中显示文字“计算机等级考试”，可以判断这个控件是(　　)。

A．形状控件　　　　B．图像框
C．图片框　　　　D．不是以上 3 种控件中的一种

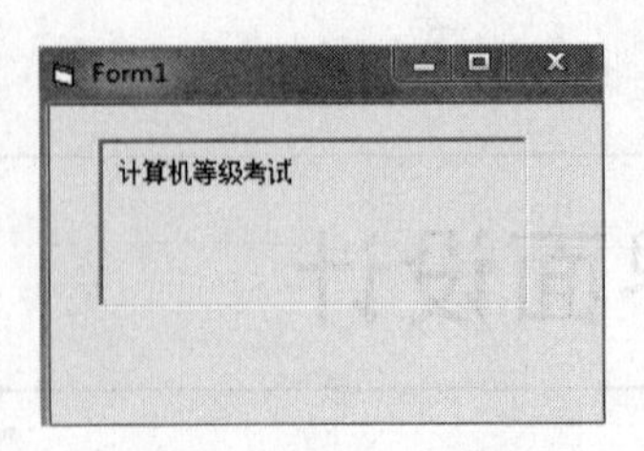

图 2-1-1　运行结果

(8) 要将单选按钮 Option1 设置为被选中状态，应设置的属性是(　　)。

A．Enabled　　B．Value　　C．SetFocus　　D．Selected

(9) 控制标签内容对齐方式的属性是(　　)。

A．Text　　B．Name　　C．Caption　　D．Alignment

(10) 为了在形状控件中填充图案，应设置的属性是(　　)。

A．BorderStyle　　B．BackStyle　　C．BorderColor　　D．FillStyle

(11) 要想使列表框只允许单选或复选列表项，应设置的属性为(　　)。

A．Style　　B．Selected　　C．Enabled　　D．MultiSelect

(12) 为了使文本框只具有垂直滚动条，需要把 ScrollBars 属性设置为(　　)。

A．0　　B．1　　C．2　　D．3

(13) 为了使每秒钟发生一次计时器事件，应将其 Interval 属性设置为(　　)。

A．1　　B．10　　C．100　　D．1000

(14) 在图像框控件中插入图片，为了调整插入的图片适应图像框的大小，必须把它的 Stretch 属性设置为(　　)。

A．True　　B．False　　C．1　　D．2

(15) 命令按钮不支持的事件为(　　)。

A．GetFocus　　B．MouseMove　　C．Click　　D．DblClick

(16) 下列不属于计时器控件属性的是(　　)。

A．Enabled　　B．Interval　　C．Index　　D．Visible

(17) 以下控件中，能够作为容器使用的是(　　)。

A．形状控件　　B．图片框　　C．图像框　　D．标签

(18) 在窗体上画一个名称为 Command1 的命令按钮，然后编写如下事件过程：

```
Private Sub Command1_Click()
    Move 800, 800
End Sub
```

程序运行后，单击命令按钮，产生的结果为(　　)。

A．将命令按钮移动到距窗体左边界、上边界各 800 的位置
B．将窗体移动到距屏幕左边界、上边界各 800 的位置
C．将命令按钮向左、上方向各移动 800
D．将窗体向左、上方向各移动 800

(19) 程序运行时，要清除组合框 Combo1 中的所有内容，应使用语句(　　)。

A．Combo1.Remove　　　　B．Combo1.Cls

C．Combo1.Delete　　　　D．Combo1.Clear

(20)组合框兼有两种控件的特性，这两种控件是(　　)。

A．复选框和单选按钮　　　　B．标签和文本框

C．列表框和文本框　　　　D．标签和复选框

2．程序设计题

(1)在名称为 Form1、标题为“滚动条属性设置”的窗体上画一个名称为 HScroll1 的水平滚动条。设置滑块在最左侧时值为 100，滑块在最右侧时值为 1000，窗体刚显示时，滑块在滚动条的最右侧，如图 2-1-2 所示。

(2)在名称为 Form1 的窗体上添加一个名称为 Text1 的窗体，设置内容为“计算机等级考试”，字体为五号宋体。再画三个名称分别为 Command1、Command2、Command3，标题分别为“左对齐”“居中对齐”“右对齐”的命令按钮，如图 2-1-3 所示。编写三个命令按钮的 Click 事件过程，使得单击“左对齐”按钮时，文本框的内容靠左对齐；单击“居中对齐”按钮时，文本框的内容居中对齐；单击“右对齐”按钮时，文本框的内容靠右对齐。程序中不得使用变量，每个事件过程中只能写一条语句。

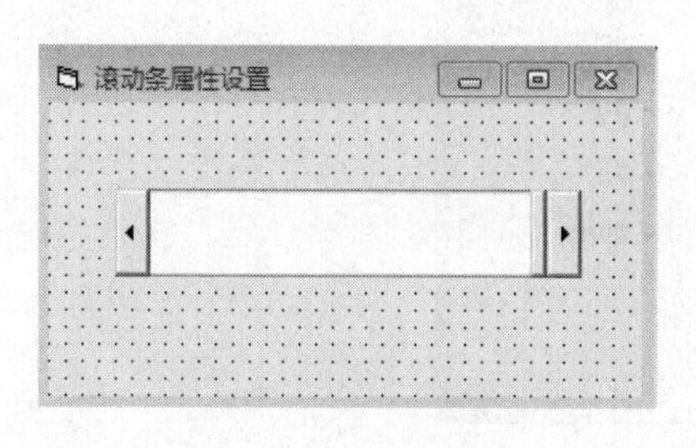

图 2-1-2　运行结果

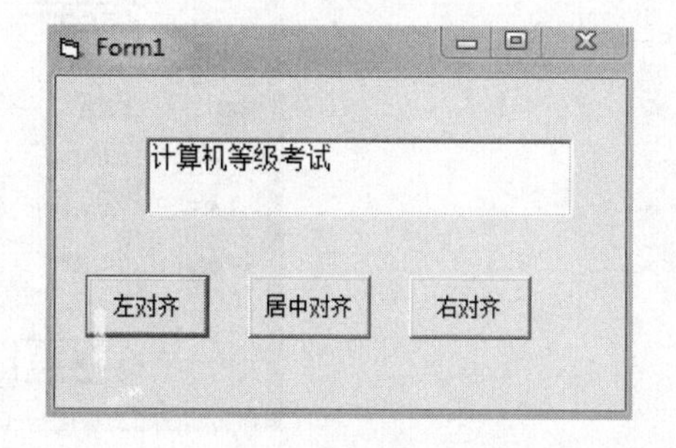

图 2-1-3　运行结果

(3)在名称为 Form1 的窗体上添加两个名称分别为 Label1、Label2，标题分别为“输入籍贯：”“个数：”的标签，添加两个名称分别为 Text1、Text2 的文本框，初始内容为空，添加一个名称为 List1 的列表和两个名称为 Command1、Command2，标题为“添加”“统计”的命令按钮，如图 2-1-4 所示。在程序运行时，向 Text1 中输入字符，单击“添加”按钮，将 Text1 中的内容添加到列表框的列表中，单击“统计”按钮，在 Text2 中显示列表项目的数量。

【注意】程序中不得使用变量，也不能使用循环结构。

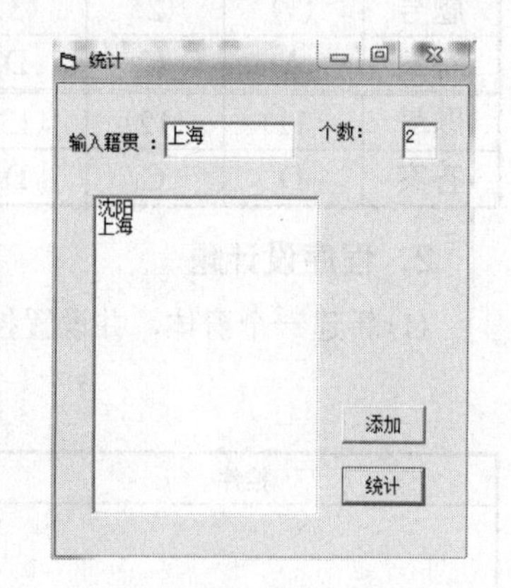

图 2-1-4　运行结果

(4)在名称为 Form1 的窗体上画一个名称为 Shape1 的形状控件和四个名称分别为 cmd1、cmd2、cmd3、cmd4 的命令按钮。命令按钮的标题分别为“圆形”“圆角矩形”“红色边框”“绿色边框。窗体的标题设置为“形状控件”，如图 2-1-5 所示。编写适当的事件过程，在程序运行时，分别单击“圆形”“圆角矩形”按钮，将形状控件设置为圆形和圆角矩形，分别单击“红色边框”“绿色边框”按钮，将形状控件边框设置成红色(&HFF)和绿色(&HFF00)，如图 2-1-6 所示。

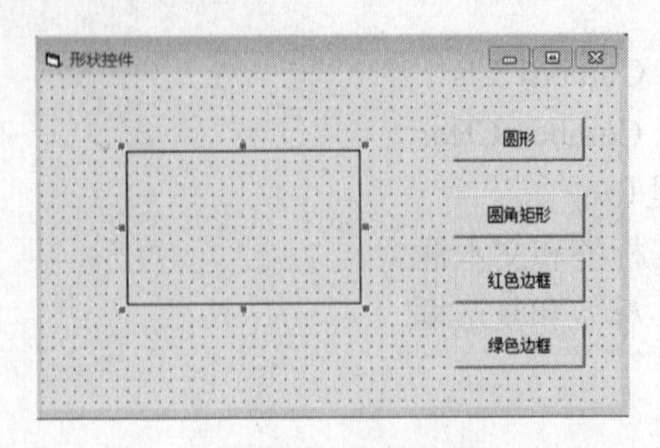

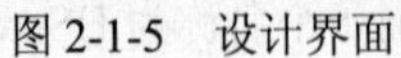
图 2-1-5　设计界面

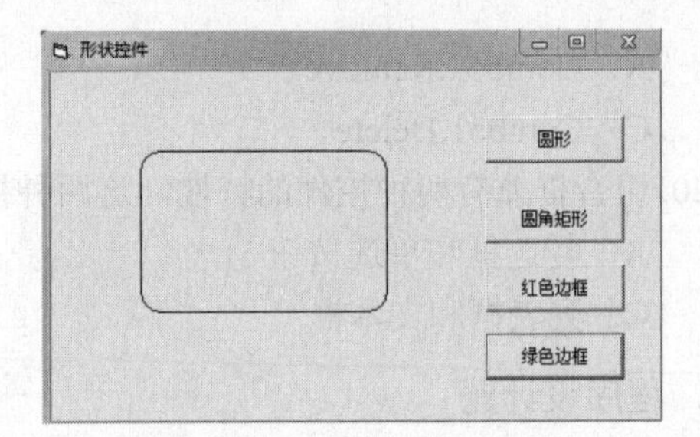

图 2-1-6　运行结果

(5) 在名称为 Form1 的窗体上添加两个名称分别为 Command1、Command2，标题分别为“确定”“退出”的命令按钮，添加一个名称为 Text1 的文本框和四个名称分别为 Frame1、Frame2、Frame3、Frame4，标题分别为“字体”“颜色”“字号”“效果”的框架，再添加三个名称分别为 Option1、Option2、Option3 的单选按钮控件数组和三个复选框。程序运行时，在文本框中输入文字，选择下面相应的选项，单击“确定”按钮，文字改变成相应的样式，单击“退出”按钮，退出整个程序，如图 2-1-7 所示。

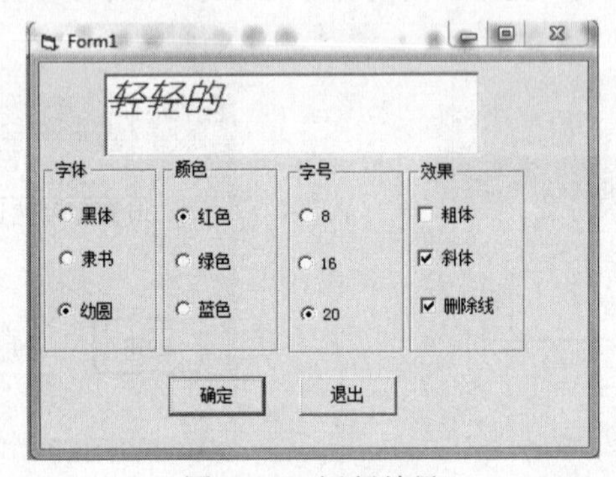

图 2-1-7　运行结果

2.1.2　实训题答案

1. 选择题

题号	(1)	(2)	(3)	(4)	(5)	(6)	(7)	(8)	(9)	(10)
答案	A	C	D	C	B	D	C	B	D	D
题号	(11)	(12)	(13)	(14)	(15)	(16)	(17)	(18)	(19)	(20)
答案	D	C	D	A	D	D	B	B	D	C

2. 程序设计题

(1) 新建一个窗体，并设置控件的属性。程序中用到的控件及其属性如表 2-1-1 所示。

表 2-1-1　属性设置

控件	属性	设置值
水平滚动条	Name	HScroll1
	Min	100
	Max	1000
	Value	1000

(2) 步骤①：新建一个窗体，并设置控件的属性。程序中用到的控件及其属性设置如表 2-1-2 所示。

表 2-1-2　属性设置

控件	属性	设置值	设置值	设置值
文本框	Name	Text1		
	Text	计算机等级考试		
	Font	五号，宋体		
命令按钮	Name	Command1	Command2	Command3
	Caption	左对齐	居中对齐	右对齐

步骤②：编写程序代码。

```
Private Sub Command1_Click()
    Text1.Alignment = 0
End Sub
Private Sub Command2_Click()
    Text1.Alignment = 2
End Sub
Private Sub Command3_Click()
    Text1.Alignment = 1
End Sub
```

(3) 步骤①：新建一个窗体，并设置控件的属性。程序中用到的控件及其属性设置如表 2-1-3 所示。

表 2-1-3　属性设置

控件	属性	设置值	设置值
标签	Name	Label1	Label2
	Caption	输入籍贯：	个数：
文本框	Name	Text1	Text2
	Text		
命令按钮	Name	Command1	Command2
	Caption	添加	统计
列表框	Name	List1	

步骤②：编写程序代码。

```
Private Sub Command1_Click()
    List1.AddItem Text1.Text
End Sub
Private Sub Command2_Click()
    Text2.Text = List1.ListCount
End Sub
Private Sub Command1_Click()
    List1.AddItem Text1.Text
End Sub
Private Sub Command2_Click()
    Text2.Text = List1.ListCount
End Sub
```

(4) 步骤①：新建一个窗体，并设置控件的属性。程序中用到的控件及其属性设置如表 2-1-4 所示。

表 2-1-4　属性设置

控件	属性	设置值	设置值	设置值	设置值
形状控件	Name	Shape1			
命令按钮	Name	cmd1	cmd2	cmd3	cmd4
	Caption	圆形	圆角矩形	红色边框	绿色边框

步骤②：编写程序代码。

```
Private Sub cmd1_Click()
    Shape1.Shape = 3
End Sub
Private Sub cmd2_Click()
    Shape1.Shape = 4
End Sub
Private Sub cmd3_Click()
    Shape1.BorderColor = &HFF
End Sub
Private Sub cmd4_Click()
    Shape1.BorderColor = &HFF0000
End Sub
```

(5) 步骤①：新建一个窗体，并设置控件的属性。程序中用到的控件及其属性设置如表 2-1-5 所示。

表 2-1-5　属性设置

控件	属性	设置值	设置值	设置值	设置值
命令按钮	Name	Command1	Command1		
	Caption	确定	退出		
文本框	Name	Text1			
	Text				
框架	Name	Frame1	Frame2	Frame3	Frame4
	Caption	字体	颜色	字号	效果
单选按钮	Name	Option1	Option2	Option3	
复选框	Name	Check1	Check2	Check3	

步骤②：编写程序代码。

```
Option Explicit
Dim i As Integer
Private Sub Command1_Click()
    For i = 0 To 2
        If Option1(i).Value = True Then
            Text1.FontName = Option1(i).Caption
        End If
        If Option3(i).Value = True Then
            Text1.FontSize = Val(Option3(i).Caption)
        End If
    Next i
```

```
        Text1.FontBold = Check1.Value
        Text1.FontItalic = Check2.Value
        Text1.FontStrikethru = Check3.Value
        If Option2(0).Value = True Then Text1.ForeColor = vbRed
        If Option2(1).Value = True Then Text1.ForeColor = vbGreen
        If Option2(2).Value = True Then Text1.ForeColor = vbBlue
    End Sub
    Private Sub Command2_Click()
        End
    End Sub
```

2.1.3　能力测试题答案

1．选择题

题号	(1)	(2)	(3)	(4)	(5)	(6)	(7)	(8)	(9)	(10)
答案	C	D	A	C	C	D	A	B	B	C
题号	(11)	(12)	(13)	(14)	(15)	(16)	(17)	(18)	(19)	(20)
答案	D	C	B	C	B	B	D	C	A	C

2．程序设计题

(1) 步骤①：新建一个窗体，并设置控件的属性。程序中用到的控件及其属性设置如表 2-1-6 所示。

表 2-1-6　属性设置

控件	属性	设置值	设置值
文本框	Name	Text1	Text2
	Text		
	Font	黑体	华文行楷

步骤②：编写程序代码。

```
    Private Sub Text1_Change()
        Text2.Text = Text1.Text
    End Sub
```

(2) 步骤①：新建一个窗体，并设置控件的属性。程序中用到的控件及其属性设置如表 2-1-7 所示。

表 2-1-7　属性设置

控件	属性	设置值
窗体	Caption	选修课程名称
	MaxButton	False
	MinButton	False
组合框	Name	Cb1
	Text	

步骤②：编写程序代码。

```
Private Sub Form_Load()
    Cb1.AddItem "趣味哲学"
    Cb1.AddItem "现代礼仪"
    Cb1.AddItem "影视作品欣赏"
    Cb1.AddItem "诗歌美学"
End Sub
```

(3)步骤①：新建一个窗体，并设置控件的属性。程序中用到的控件及其属性设置如表 2-1-8 所示。

表 2-1-8　属性设置

控件	属性	设置值	设置值
命令按钮	Name	Command1	Command2
	Caption	play	stop
图片框	Name	Picture1	
	Picture	（通过路径找到图片）	
计时器	Name	Timer1	
	Interval	100	
	Enabled	False	

步骤②：编写程序代码。

```
Private Sub Command1_Click()
    Timer1.Enabled = True
End Sub
Private Sub Command2_Click()
    Timer1.Enabled = False
End Sub
Private Sub Timer1_Timer()
    Picture1.Top = Picture1.Top – 50
End Sub
```

(4)步骤①：新建一个窗体，并设置控件的属性。程序中用到的控件及其属性设置如表 2-1-9 所示。

表 2-1-9　属性设置

控件	属性	设置值	设置值
标签	Name	Label1	Label2
	Caption	学历:	爱好:
命令按钮	Name	Command1	
	Caption	确定	
文本框	Name	Text1	Text2
	Text		
单选按钮	Name	Option1	Option2
	Caption	大专	本科
复选框	Name	Check1	Check2
	Caption	音乐	美术

步骤②：编写程序代码。

```
Private Sub Command1_Click()
If Option1.Value = True Then
    Text1.Text = "我的学历是大专"
ElseIf Option2.Value = True Then
    Text1.Text = "我的学历是本科"
Else
    Text1.Text = ""
End If
If Check1.Value = 1 And Check2.Value = 1 Then
    Text2.Text = "我的爱好是音乐和美术"
ElseIf Check1.Value = 1 And Check2.Value = 0 Then
    Text2.Text = "我的爱好是音乐"
ElseIf Check1.Value = 0 And Check2.Value = 1 Then
    Text2.Text = "我的爱好是美术"
Else
    Text2.Text = ""
End If
End Sub
```

(5)步骤①：新建一个窗体，并设置控件的属性。程序中用到的控件及其属性设置如表 2-1-10 所示。

表 2-1-10　属性设置

控件	属性	设置值	设置值	设置值
标签	Name	Label1	Label2	
	Caption	剩余时间	采蘑菇个数	
命令按钮	Name	Command1	Command2	
	Caption	开始	退出	
文本框	Name	Text1	Text2	
	Text			
图片框	Name	Picture1		
	Picture1	（通过路径找到图片）		
图像框	Name	Image1		
计时器	Name	Timer1	Timer2	Timer3

步骤②：编写程序代码。

```
Private Sub Image1_MouseDown(Button As Integer, Shift As Integer, X As Single, Y As Single)
    n = n + 1
    Text2.Text = n
End Sub
Private Sub Timer1_Timer()
    Randomize
    L = Int(Rnd * 5000 + 0)
    T = Int(Rnd * 2000 + 0)
    Image1.Left = Picture1.Left + L
    Image1.Top = Picture1.Top + T
```

```
End Sub
Private Sub Timer2_Timer()
    Timer1.Enabled = False
    Timer3.Enabled = False
    Command1.Enabled = Flase
    Command2.Enabled = True
End Sub
Private Sub Timer3_Timer()
    s = s + 1
    Text1.Text = 30 – s
End Sub
```

2.2 过程的应用

知识点 1 子过程

知识点 2 函数过程

2.2.1 实训题

1. 选择题

(1) 以下说法中正确的是(　　)。

A. 事件过程也是过程，只能由其他过程调用

B. 事件过程的过程名是由程序设计者命名的

C. 事件过程通常放在标准模块中

D. 事件过程是用来处理由用户操作或系统激发的事件的代码

(2) Sub 过程的定义(　　)。

A. 一定要有形参

B. 不一定要有过程的名称

C. 一定要指定返回值的类型

D. 要指明过程是公有还是私有，若不指明，则默认是公有的

(3) 关于过程的描述中，错误的是(　　)。

A. 各窗体通用的过程一般在标准模块中用 Private 定义

B. 若过程被定义为 Static 的，则过程中定义的局部变量都是 Static 型

C. 若过程被定义为 Public 的，则该过程可以在程序的任何地方被调用

D. 一个 Sub 过程必须用 End Sub 语句结束

(4) 使用(　　)语句可以实现过程的特殊出口。

A. Call 过程名　　B. Public Sub/Function

C. Private Sub/Function　　D. Exit Sub/Function

(5) 已知过程定义的首行语句为 Sub sum(a As Integer, b As Integer)，则下面过程调用语句中正确的是(　　)。

A. Call sum(x ; y)　　B. sum x; y　　C. sum(x , y)　　D. sum x, y

(6) 已知过程:

```
Private Sub m(a As Integer, Optional b As Integer)
        Print a, b
End Sub
```

针对此过程，下面正确的过程调用语句是(　　)。

A．Call proc(x!, 23)　　　　B．Call proc x%,

C．x = m(12)　　　　D．proc x

(7) 设有以下程序代码：

```
Private Sub Command1_Click()
        Static x As Integer
        proc x
        Print x
End Sub
Sub proc(a As Integer)
        a = a + 2
End Sub
```

运行程序，单击命令按钮 3 次，第 3 次单击后显示的是(　　)。

A．2　　B．4　　C．6　　D．8

(8) 设有如下过程代码：

```
Sub var_dim( )
      Static numa As Integer
      Dim numb As Integer
      numa=numa+1
      numb=numb+1
      print numa;numb
End Sub
```

连续 3 次调用 var_dim 过程，第 3 次调用时的输出是(　　)。

A．1　1　　B．1　3　　C．3　1　　D．3　3

(9) 设有以下程序代码：

```
Private Sub Command1_Click()
      Dim x As String, y As Integer
      x = "考试"
      y = 1
      proc x, y
      Print "第"; y; "次"; x
End Sub
Sub proc(ByVal a As String, b As Integer)
      a = "参加" + a
      b = b + 1
End Sub
```

运行程序，单击命令按钮后显示的是(　　)。

A．第 1 次参加考试　　　　B．第 2 次参加考试

C．第 1 次考试　　　　D．第 2 次考试

(10) 设有如下过程代码：

```
Private Sub Command1_Click()
      Dim a As Integer, b As Integer
      a = 2
```

```
        b = 3
        Call proc (a, b)
        Print a; b
    End Sub
    Private Sub proc (b As Integer, ByVal a As Integer)
        a = a + 2
        b = b - 1
    End Sub
```

程序运行后，产生的输出是(　　)。

A．1　3　　B．2　2　　C．4　2　　D．2　4

(11) 设程序中定义了下面的过程：

```
Private Sub proc (ch As String)
    Print ch
End Sub
```

下面语句中错误的是(　　)。

A．Call proc "hi"　　B．Call proc ("")　　C．Call proc ("hi")　　D．proc "hi"

(12) 设有如下过程定义：

```
Private   Function   Fun (a () As Integer,b As String) As Integer
    ……
End Function
```

若已有变量声明如下：

```
Dim x (5) As Integer, n As Integer, ch As String
```

则下面正确的过程调用语句是(　　)。

A．x (0)=Fun (x,"z")　　B．y=Fun (n,z)

C．Call Fun x,"z"　　D．y=Fun (x (5),c)

2．程序设计题

(1) 根据文本框中输入的速度和时间的值计算距离。

【要求】在名称为 Form1 的窗体上添加四个标签，其中 Label1、Label2、Label3 的标题分别为“速度：(米/秒)”“时间：(秒)”“距离：”，添加两个名称分别为 Text1、Text2 的文本框和一个名称为 Command1 的命令按钮，距离的计算过程写在子过程中。程序运行后，分别在文本框中输入数值，单击“计算”按钮后在 Label4 中显示结果，如图 2-2-1 所示。

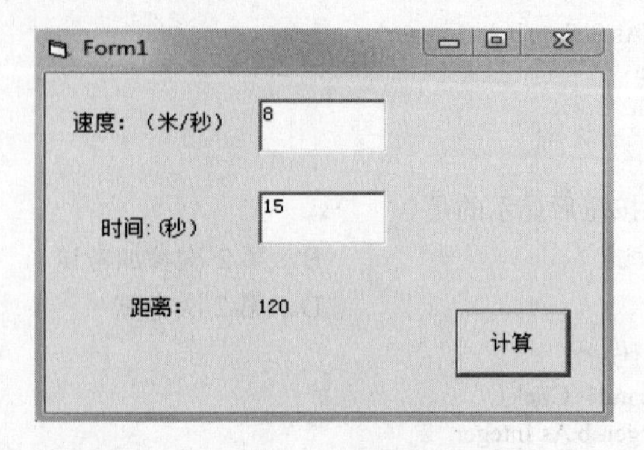

图 2-2-1　运行结果

(2) 输入年份，判断是否为闰年。

【要求】在名称为 Form1 的窗体上添加一个名称为 Label1、标题为“在下面输入判断年份”的标签，添加一个名称为 Text1 的文本框和一个名称为 Command1、标题为“判断”的命令按钮，判断语句写在子过程或函数过程中，程序运行后，输入年份，通过 MsgBox 函数显示是否是闰年的提示，如图 2-2-2 所示。

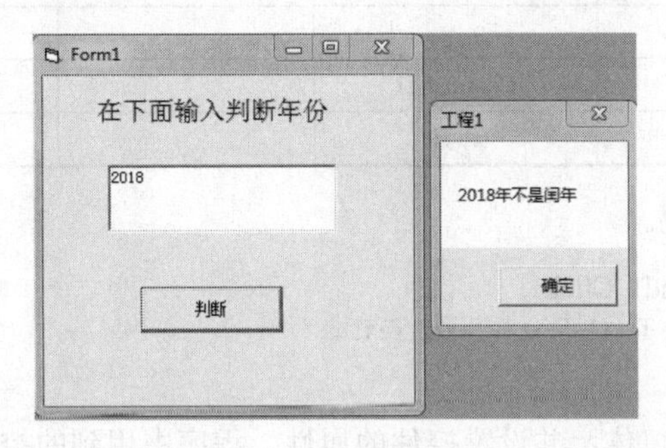

图 2-2-2　运行结果

(3) 制作文件加密小程序。

【要求】在名称为 Form1 的窗体上添加一个名称为 Label1、标题为“密码：”的标签和两个名称分别为 Text1、Text2 的文本框，再添加一个名称为 Command1、标题为“加密”的命令按钮。程序运行时，在两个文本框中分别输入文字和密码，单击“加密”按钮，在 Text1 中输出加密文件，如图 2-2-3、图 2-2-4 所示。

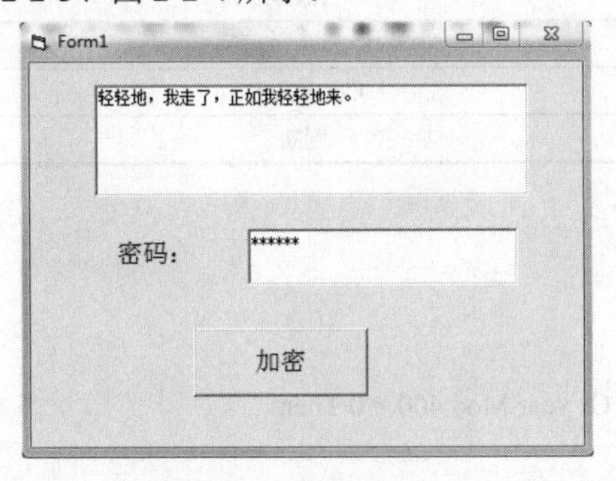

图 2-2-3　运行结果

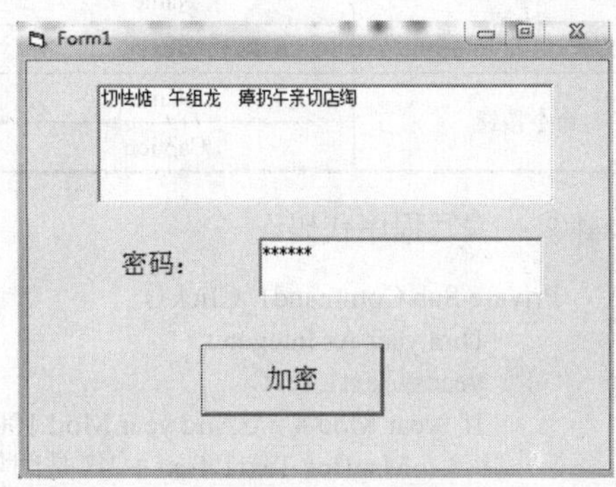

图 2-2-4　运行结果

2.2.2　实训题答案

1．选择题

题号	(1)	(2)	(3)	(4)	(5)	(6)
答案	D	D	A	D	D	C
题号	(7)	(8)	(9)	(10)	(11)	(12)
答案	C	C	D	A	A	A

2．程序设计题

(1) 步骤①：新建一个窗体，并设置控件的属性。程序中用到的控件及其属性设置如表 2-2-1 所示。

表 2-2-1　属性设置

控件	属性	设置值	设置值	设置值	设置值
标签	Name	Label1	Label2	Label3	Label4
	Caption	速度：(米/秒)	时间：(秒)	距离：	
文本框	Name	Text1	Text2		
	Text				
命令按钮	Name	Command1			
	Caption	计算			

步骤②：编写程序代码。

```
Private Sub Command1_Click()
    Label4.Caption = Text1.Text * Text2.Text
End Sub
```

(2)步骤①：新建一个窗体，并设置控件的属性。程序中用到的控件及其属性设置如表 2-2-2 所示。

表 2-2-2　属性设置

控件	属性	设置值
标签	Name	Label1
	Caption	在下面输入判断年份
文本框	Name	Text1
	Text	
命令按钮	Name	Command1
	Caption	判断

步骤②：编写程序代码。

```
Private Sub Command1_Click()
    Dim year As Integer
    year = Text1.Text
    If (year Mod 4 = 0 And year Mod 100 <> 0) Or year Mod 400 = 0 Then
        MsgBox Text1.Text + "年是闰年"
    Else
        MsgBox Text1.Text + "年不是闰年"
    End If
End Sub
```

(3)步骤①：新建一个窗体，并设置控件的属性。程序中用到的控件及其属性设置如表 2-2-3 所示。

表 2-2-3　属性设置

控件	属性	设置值	设置值
文本框	Name	Text1	Text2
标签	Name	Label1	
	Caption	密码：	
命令按钮	Name	Command1	
	Caption	加密	

步骤②：编写程序代码。

```
Private Function encrypt(spassword As String, stext As String) As String
    Dim i As Integer
    Dim ipchar As Integer
    Dim icchar As Integer
    Do While Len(spassword) < Len(stext)
        spassword = spassword & spassword
    Loop
    For i = 1 To Len(stext)
        ipchar = Asc(Mid(spassword, i, 1))
        icchar = Asc(Mid(stext, i, 1))
        Mid(stext, i, 1) = Chr(ipchar Xor icchar)
    Next i
    encrypt = stext
    Text1.Text = stext
End Function
Private Sub Command1_Click()
    encrypt Text2, Text1
End Sub
```

2.2.3　能力测试题答案

1. 选择题

题号	(1)	(2)	(3)	(4)	(5)	(6)
答案	B	B	A	D	A	D
题号	(7)	(8)	(9)	(10)	(11)	(12)
答案	B	B	B	B	B	A

2. 程序设计题

(1) 步骤①：新建一个窗体，并设置控件的属性。程序中用到的控件及其属性设置如表 2-2-4 所示。

表 2-2-4　属性设置

控件	属性	设置值	设置值	设置值
标签	Name	Label1	Label2	Label3
	Caption	长度：	宽度：	面积：
水平滚动条	Name	HScroll1	HScroll2	
	Min	1	1	
	Max	10	10	
命令按钮	Name	Command1		
	Caption	计算		
文本框	Name	Text1		
	Text			

步骤②：编写程序代码。

```
Private Sub Command1_Click()
    Call ca(HScroll1.Value, HScroll2.Value)
```

```
End Sub
Public Sub ca(x As Integer, y As Integer)
    Text1.Text = x * y
End Sub
```

(2) 步骤①：新建一个窗体，并设置控件的属性。程序中用到的控件及其属性设置如表 2-2-5 所示。

表 2-2-5　属性设置

控件	属性	设置值
标签	Name	Label1
	Caption	请输入一个整数，判断其是否是素数。
文本框	Name	Text1
	Text	
命令按钮	Name	Command1
	Caption	判断

步骤②：编写程序代码。

```
Private Sub Command1_Click()
    Dim a As Integer
    a = Text1.Text
    Call judge(a)
End Sub
Sub judge(x As Integer)
    Dim i As Integer
    For i = 2 To x - 1
    If x Mod i = 0 Then
    MsgBox "不是素数！"
    Exit For
    End If
    Next i
    If i = x Then MsgBox "是素数！"
End Sub
```

(3) 步骤①：新建一个窗体，并设置控件的属性。程序中用到的控件及其属性设置如表 2-2-6 所示。

表 2-2-6　属性设置

控件	属性	设置值	设置值	设置值
标签	Name	Label1	Label2	Label3
	Caption	幸运抽奖	中奖号码:	
文本框	Name	Text1		
	Text			
命令按钮	Name	Command1	Command2	Command3
	Caption	开始	抽奖	退出
计时器	Name	Timer1		
	Interval	100		

步骤②：编写程序代码。

```
Private Sub Command1_Click()
    Timer1.Enabled = True                '将计时器设置为有效
    Command2.Enabled = True              '将“抽奖”按钮设置为可用
    Command1.Enabled = False             '将“开始”按钮设置为不可用
End Sub
Private Sub Command2_Click()
    Timer1.Enabled = False               '将计时器设置为无效
    Text1.Text = Label3(0).Caption & " " & Label3(1).Caption & " "
        & Label3(2).Caption & " " & Label3(3).Caption & " "
    '将 label 数组中的信息添加到 Text2 中
    Command2.Enabled = False             '将“抽奖”按钮设置为不可用
    Command1.Enabled = True              '将“开始”按钮设置为可用
    Command3.Enabled = True              '将“退出”按钮设置为可用
End Sub
Private Sub Command3_Click()
    End
End Sub
Private Sub Timer1_Timer()
    Randomize                                '初始化随机数产生器
    Label3(0).Caption = Int(Rnd * 10 + 0)   '在 Label3(0)中显示产生的一个 0~10 的随机数
    Label3(1).Caption = Int(Rnd * 10 + 0)   '在 Label3(1)中显示产生的一个 0~10 的随机数
    Label3(2).Caption = Int(Rnd * 10 + 0)   '在 Label3(2)中显示产生的一个 0~10 的随机数
    Label3(3).Caption = Int(Rnd * 10 + 0)   '在 Label3(3)中显示产生的一个 0~10 的随机数
End Sub
```

2.3　VB 用户窗体的设计

知识点 1　用户窗体设计

知识点 2　多窗体界面

2.3.1　实训题

1．选择题

(1) 以下关于菜单的叙述中，正确的是(　　)。

A．对于同一窗体中的菜单，各菜单项的标题必须唯一

B．对于同一窗体中的菜单，各菜单项的名称必须唯一

C．菜单中各菜单项不可以是控件数组元素

D．弹出式菜单的编辑、定义在工程资源管理器中进行

(2) 为了显示弹出式菜单，要使用(　　)。

A．菜单的 PopupMenu 方法　　B．菜单的 OpenMenu 方法

C．窗体的 PopupMenu 方法　　D．窗体的 OpenMenu 方法

(3) 若一个顶级菜单项的访问键为 A，则以下等同于单击该菜单项的操作为(　　)。

A．按 Ctrl+A 键　　B．按 Alt +A 键

C．按 A 键　　D．按 Shift + A 键

(4) 下列关于菜单项的描述中，错误的是(　　)。

A．菜单项能响应 Click 事件以外的其他事件

B．每个菜单项都可以视为一个控件，具有相应的属性和事件

C．菜单项的索引号必须连续

D．通过 Visible 属性可以设置菜单项的有效性

(5) 以下关于菜单的叙述中，错误的是(　　)。

A．当窗体为活动窗体时，按 Ctrl +E 键可以打开菜单编辑器

B．把菜单项的 Enabled 属性设置为 False，可删除该菜单项

C．弹出式菜单在菜单编辑器中设计

D．程序运行时，利用控件数组可以实现菜单项的增加或减少

(6) 下列关于菜单的叙述中，正确的是(　　)。

A．只能使用单击鼠标右键的方式把弹出式菜单弹出来

B．同一级菜单中的菜单项不能同名，但不同级菜单中的菜单项可以同名

C．为了使选中一个菜单项就可以执行某种操作，要为它的 Click 事件过程编写执行该操作的代码

D．弹出式菜单中的菜单项不能再有自己的子菜单

(7) 以下叙述中错误的是(　　)。

A．若把一个菜单项的 Enabled 属性设置为 False，则该菜单项不可见

B．下拉式菜单和弹出式菜单都用菜单编辑器建立

C．在菜单标题中，由“&”所引导的字母指明了该菜单项的访问键

D．若要在菜单中添加一条分隔线，则应将该菜单项的 Caption 属性设置为“–”

(8) 建立菜单，属性设置如表 2-3-1 所示。

表 2-3-1　属性设置

标题	名称	内缩符号	索引	复选
菜单项	mnu	无		
菜单 1	mnu1	….	1	
菜单 2	mnu1	….	2	✓
菜单 3	mnu1	….	3	

单击菜单的事件过程如下：

```
Private Sub mnu1_Click(Index As Integer)
  Select Case Index
    Case 1
        Print"选中菜单项 1"
    Case 2
        If mnu1(2).Checked=True Then
            mnu1(2).Checked=False
        Else
            mnu1(2).Checked=True
        End If
    Case 3
        Print"选中菜单项 3"
  End Select
End Sub
```

关于上述程序，以下叙述中错误的是(　　)

A．各子菜单项组成一个名称为 mnu1 的控件数组

B．Case 2 分支的语句没有必要，因为该菜单项的“复选”属性已被设置

C．无论选中菜单项 1、2 或 3，均执行 mnu1_Click 事件过程

D．程序中的 Index 是系统自动产生的

(9) 当一个工程中有多个窗体时，其启动窗体是(　　)

A．启动 VB 后建立的窗体　　B．在“工程属性”对话框中指定的窗体

C．第一个添加的窗体　　D．最后一个添加的窗体

(10) 在 VB 中隐藏一个窗体，但不将窗体从内存中删除，应使用的语句是(　　)

A．Load　　B．Show　　C．Unload　　D．Hide

(11) 与 Form1.Show 方法效果相同的是(　　)

A．Visible.Form1=True　　B．Visible.Form1=False

C．Form1.Visible=True　　D．Form1.Visible=False

(12) 退出 Form3 窗体，可以在该窗体上“退出”按钮的 Click 事件过程中使用的语句是(　　)

A．Hide.Form3　　B．Form3.Hide　　C．Unload.Form3　　D．Form3.Unload

(13) 以下叙述中错误的是(　　)

A．一个工程只能有一个 Sub Main 过程

B．窗体的 Show 方法是将指定的窗体装入内存并显示该窗体

C．窗体的 Hide 方法和 Unload 语句作用效果相同

D．若工程文件中有多个窗体，则可以根据需要指定一个窗体为启动窗体

2．程序设计题

(1) 在名称为 Form1 的窗体上制作一个登录系统的下拉菜单，标题设置如图 2-3-1 所示，名称自拟。

(2) 在名称为 Form1 的窗体上创建一个菜单项，名称为 MenuObj，设置菜单项的索引值为 0，用数组和循环结构实现动态菜单的创建，如图 2-3-2 所示。

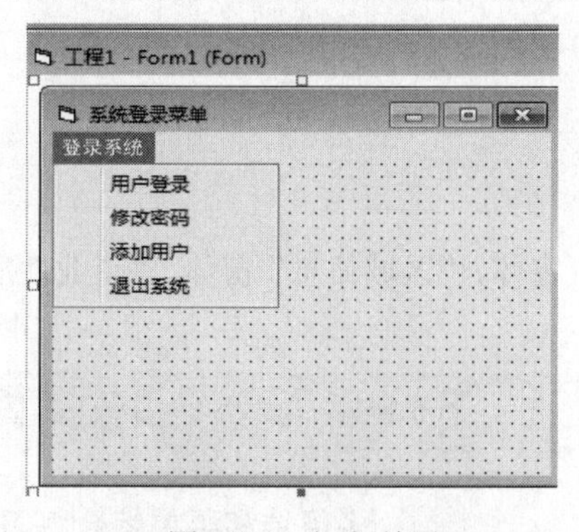

图 2-3-1　运行结果

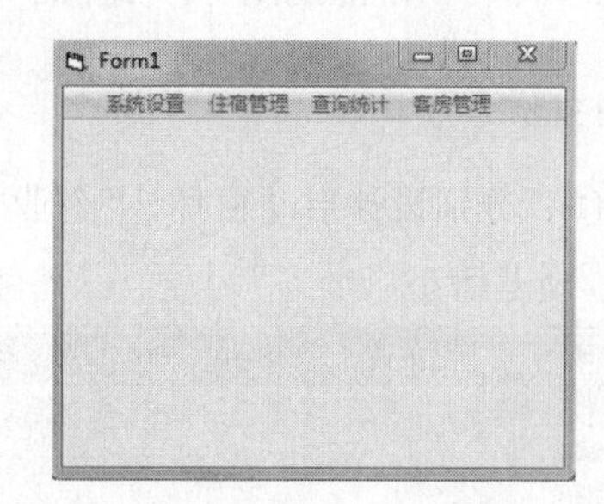

图 2-3-2　运行结果

(3) 创建一个工程文件，包含四个窗体文件，窗体文件名分别为 Form1.frm、Qylx.frm、Qysz.frm、Qyxz.frm。该工程实现的功能是把 Form1 设为启动窗体，在运行时只显示名称为 Form1 的窗体，单击 Form1 上的菜单选项，则弹出相应的窗体，并且每个弹出的窗体上都有“返回”按钮及“多窗体和菜单综合练习”的文本提示，单击“返回”按钮，则返回到 Form1 窗体，Form1 窗体如图 2-3-3 所示，弹出的“区域信息”窗体如图 2-3-4 所示。

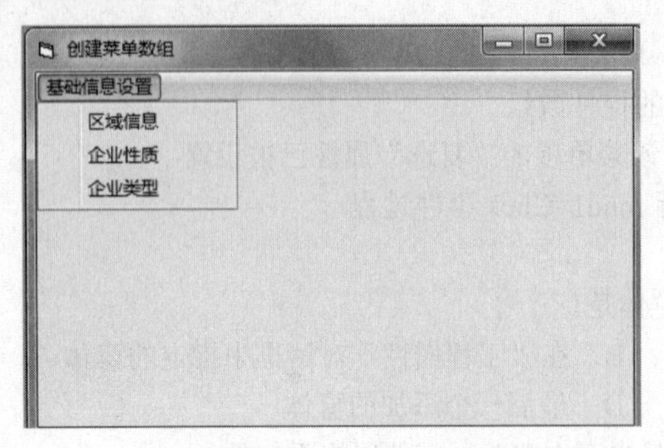

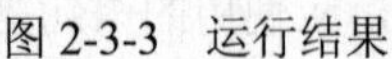
图 2-3-3　运行结果

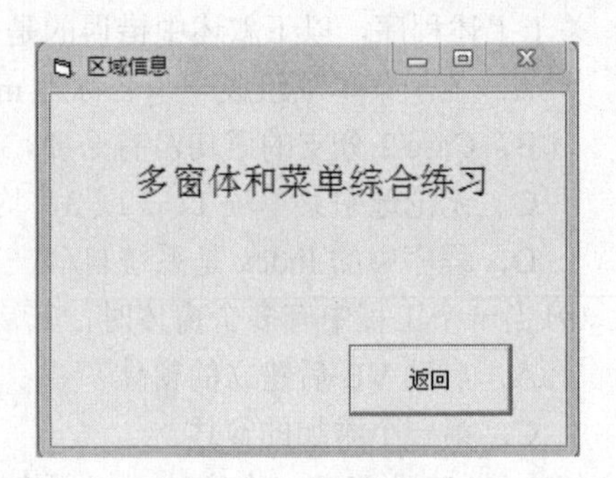

图 2-3-4　运行结果

2.3.2　实训题答案

1．选择题

题号	(1)	(2)	(3)	(4)	(5)	(6)	(7)
答案	B	C	B	B	B	C	A
题号	(8)	(9)	(10)	(11)	(12)	(13)	
答案	B	B	D	C	D	C	

2．程序设计题

(1)略。

(2)编写程序代码。

```
Private Sub Form_Load()
    Dim arr
    arr = Array("系统设置", "住宿管理", "查询统计", "客房管理")
    Dim i As Integer
        For i = LBound(arr) To UBound(arr)
            Load MenuObj(i + 1)
            MenuObj(i + 1).Caption = arr(i)
            MenuObj(i + 1).Visible = True
        Next i
End Sub
```

(3)步骤①：分别设计启动窗体、“企业类型”窗体、“区域信息”窗体、“企业性质”窗体，如图 2-3-5～图 2-3-8 所示。

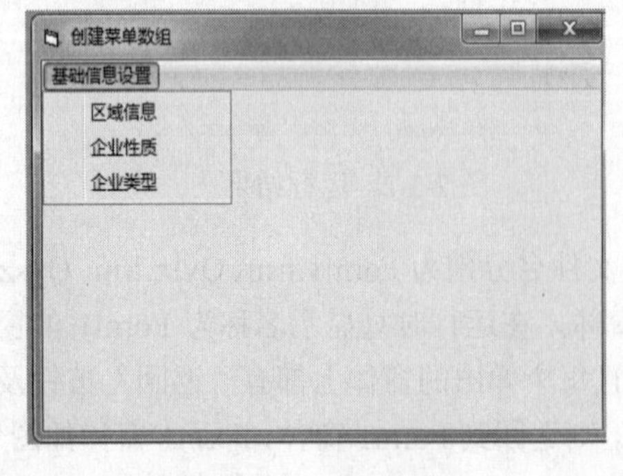

图 2-3-5　运行结果

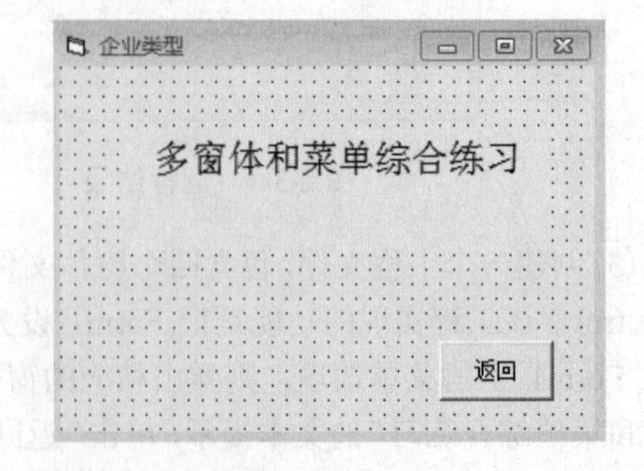

图 2-3-6　运行结果

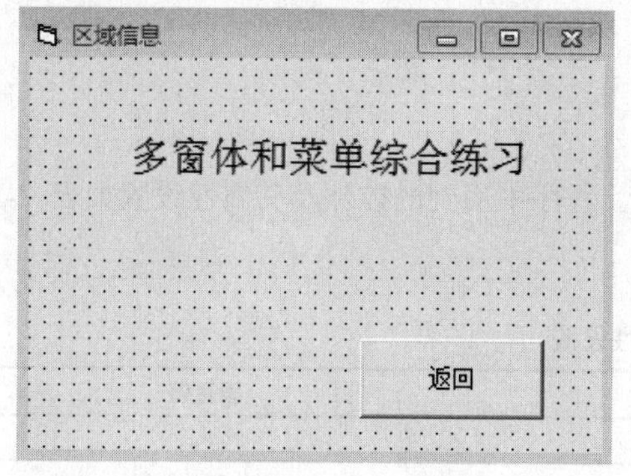

图 2-3-7　运行结果

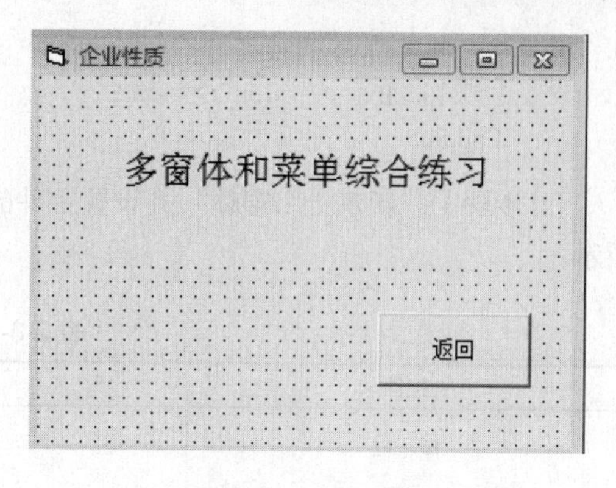

图 2-3-8　运行结果

步骤②：编写程序代码，添加菜单代码如下。

```
Private Sub Menu1_Click(Index As Integer)
Select Case Index
    Case 0
        Load Qysz
        Qysz.Show
    Case 1
        Load Qyxz
        Qyxz.Show
    Case 2
        Load Qylx
        Qylx.Show
End Select
End Sub
```

所有“返回”按钮的代码如下。

```
Private Sub Command1_Click()
    Unload Me
End Sub
```

2.3.3　能力测试题答案

1. 选择题

题号	(1)	(2)	(3)	(4)	(5)	(6)	(7)
答案	C	A	C	B	B	B	A
题号	(8)	(9)	(10)	(11)	(12)	(13)	(14)
答案	A	A	A	B	C	B	C

2. 程序设计题

(1) 编写程序代码。

```
Private Sub Form_Mouseup(Button As Integer, Shift As Integer, X As Single, Y As Single)
    If Button = 2 Then
```

```
        PopupMenu opt
        End If
    End Sub
```

(2) 步骤①：新建一个窗体，并设置控件的属性。程序中用到的控件及其属性设置如表 2-3-2 所示。

表 2-3-2　属性设置

控件	属性	设置值
图片框	Name	Picture1
	Picture	图片存放路径

步骤②：编写程序代码。

```
Private Sub picture_Click(Index As Integer)
    Picture1.Visible = False
End Sub
Private Sub picture_Click(Index As Integer)
    Picture1.Visible = True
End Sub
```

(3) 步骤①：分别设计“A 型血”“B 型血”“O 型血”“AB 型血”和启动窗体如图 2-3-9～图 2-3-13 所示。

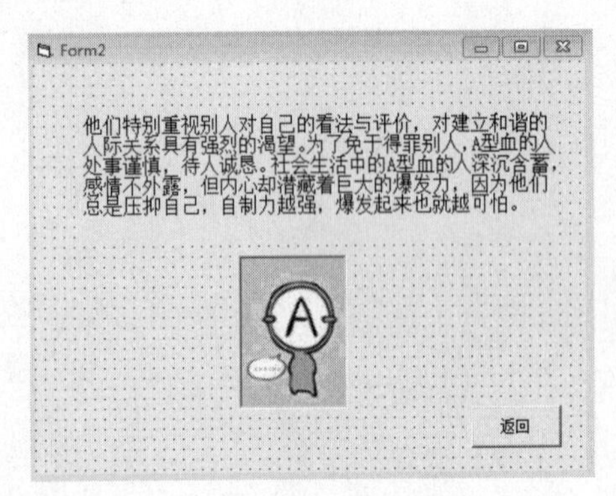

图 2-3-9　运行结果

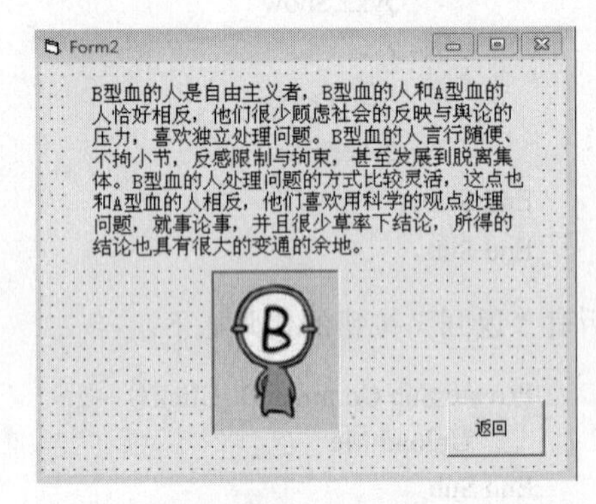

图 2-3-10　运行结果

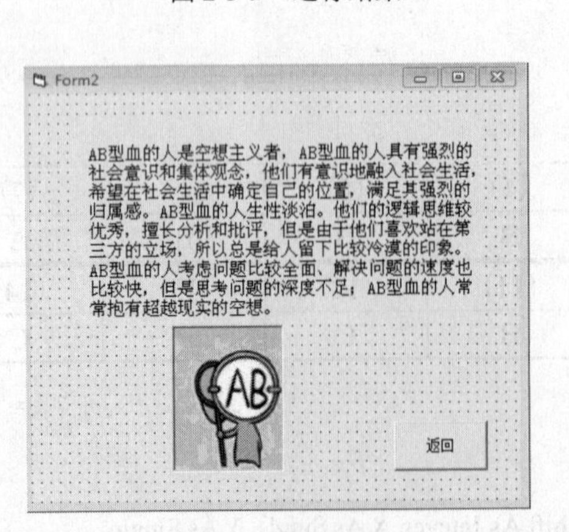

图 2-3-11　运行结果

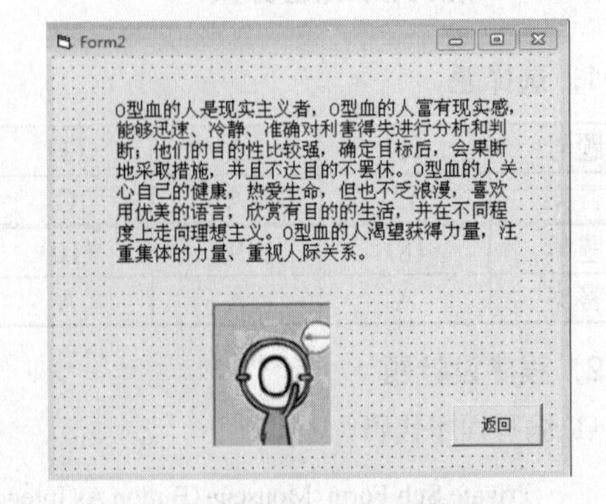

图 2-3-12　运行结果

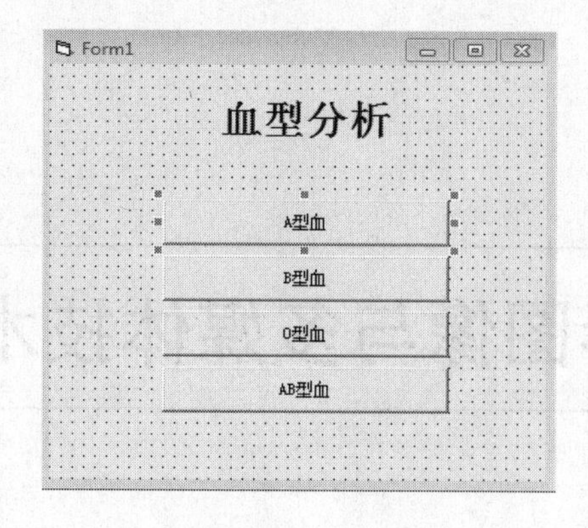

图 2-3-13　运行结果

步骤②：编写程序代码。

为“A 型血”按钮添加如下代码。

```
Private Sub Command1_Click()
    Load A
    A.Show
End Sub
```

为“B 型血”按钮添加如下代码。

```
Private Sub Command2_Click()
    Load B
    B.Show
End Sub
```

为“O 型血”按钮添加如下代码。

```
Private Sub Command3_Click()
    Load O
    O.Show
End Sub
```

为“AB 型血”按钮添加如下代码。

```
Private Sub Command4_Click()
    Load AB
    AB．Show
End Sub
```

为所有“返回”按钮添加如下代码。

```
Private Sub Command1_Click()
    Unload Me
End Sub
```

第 3 单元

图形图像与多媒体技术

3.1 VB 图形绘制

知识点 1　坐标系统
知识点 2　图形绘制方法
知识点 3　键盘事件和鼠标事件

3.1.1 实训题

1．选择题

(1) 坐标度量单位可通过（　　）来改变。

A．DrawStyle 属性　　B．DrawWidth 属性
C．ScaleMode 属性　　D．Scale 方法

(2) 语句 Circle(1200,1200),500,,,,2 中，最后的“2”表示的是(　　)。

A．弧　　B．椭圆　　C．扇形　　D．同心圆

(3) 对象的边框类型由属性(　　)来决定。

A．DrawStyle　　B．DrawWidth　　C．BorderSyle　　D．ScaleMode

(4) 当窗体的 AutoRedraw 属性采用默认值时，若在窗体装入时要用绘图方法绘制图形，则应用程序应放在(　　)。

A．Paint 事件　　B．Load 事件　　C．Initialize 事件　　D．Click 事件

(5) 下列方法中，(　　)不能减少内存的开销。

A．将窗体设置的尽量小　　B．使用 Image 控件处理图形
C．设置 AutoRedraw=False　　D．不设置 DrawStyle

(6) 以下关于键盘事件的叙述中，错误的是(　　)。

A．按下键盘按键既能触发 KeyPress 事件，又能触发 KeyDown 事件
B．KeyDown、KeyUp 事件过程中，大、小写字母被视为相同的字符
C．KeyDown、KeyUp 事件能够识别 Shift、Alt、Ctrl 等按键
D．KeyCode 是 KeyPress 事件的参数

(7) 下列不是键盘事件的是(　　)。

A．KeyDown　　B．KeyUp　　C．KeyPress　　D．KeyCode

(8) 对于文本框 Text1，能够获得按键的 ASCII 码值的事件过程是(　　)。

A．Text1_KeyUp　　B．Text1_KeyPress
C．Text1_Click　　D．Text1_Change

(9) 若把文本框 Text1 的 MousePointer 属性设置为 2(把光标设置为十字)，则(　　)。

A．当 Text1 获得焦点时，光标变为十字
B．当光标移动到 Text1 的范围内时，光标变为十字
C．当按下鼠标右键时，光标变为十字
D．当 Text1 文本框移动时，光标变为十字

(10) 向文本框中输入字符时，下面能够被触发的事件是(　　)。

A．GetFocus　　B．KeyPress　　C．Click　　D．MouseDown

(11) 以下说法中正确的是(　　)。

A．当焦点在某个控件上时，按下一个字母键，就会执行该控件的 KeyPress 事件过程
B．因为窗体不接收焦点，所以窗体不存在自己的 KeyPress 事件过程
C．若按下的键相同，则 KeyPress 事件过程中的 KeyAscii 参数与 KeyDown 事件过程中的 KeyCode 参数的值也相同
D．在 KeyPress 事件过程中，KeyAscii 参数可以省略

(12) 在 Form1 窗体上有一个菜单项，名称为 Menu，它有自己的子菜单。为了在用鼠标右键单击窗体时能够弹出 Menu 的子菜单，编写了下面的事件过程：

```
Private Sub Form_MouseDown(Button As Integer, Shift As Integer,X As Single,Y As Single)
    If Button = 2   Then
        Menu PopupMenu
    End If
End Sub
```

调试时发现，上述代码不能达到目的，需要修改程序，正确的修改方案是(　　)。

A．把 If Button=2 Then 改为 If Button =1 Then
B．把过程名改为 Form1_MouseDown
C．把 Menu PopupMenu 改为 Popup Menu
D．把 Menu PopupMenu 改为 PopupMenu Menu

(13) 下面的事件中，可以识别功能键 F1 的事件是(　　)。

A．KeyPress 事件和 KeyDown 事件
B．KeyPress 事件和 KeyUp 事件
C．KeyDown 事件和 KeyUp 事件
D．KeyPress 事件

(14) 当窗体的 AutoRedraw 属性采用默认值时，若在窗体装入时要用绘图方法绘制图形，则应用程序应放在(　　)中。

A．Paint 事件　　B．Load 事件　　C．Initialize 事件　　D．Click 事件

2．程序设计题

(1) 星空闪烁。设计如图 3-1-1 所示的星空。

(2) Line 方法的用法。使用 Line 方法绘制一个十行十列的黑白格相间的棋盘，如图 3-1-2 所示。

(3) Point 方法的用法。在窗体上添加一个图片框和一个命令按钮，在图片框里加载图片并按“复制”键实现图片的复制操作，如图 3-1-3、图 3-1-4 所示。

图 3-1-1 运行结果

图 3-1-2 运行结果

图 3-1-3 运行结果

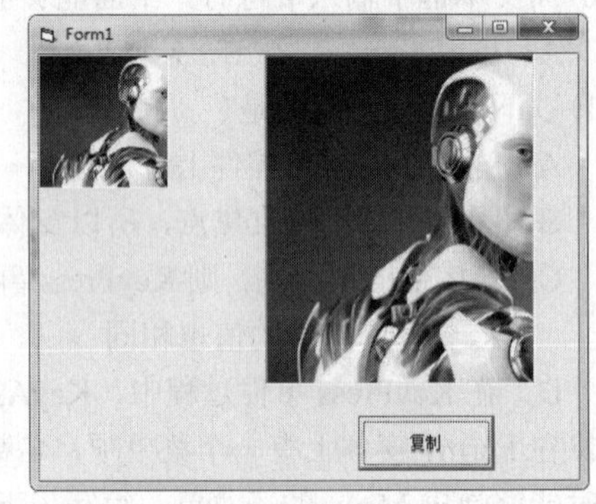

图 3-1-4 运行结果

(4) Circle 方法的用法。设计如图 3-1-5 所示的界面，通过“旋转”和“停止”按钮控制风车的变化。

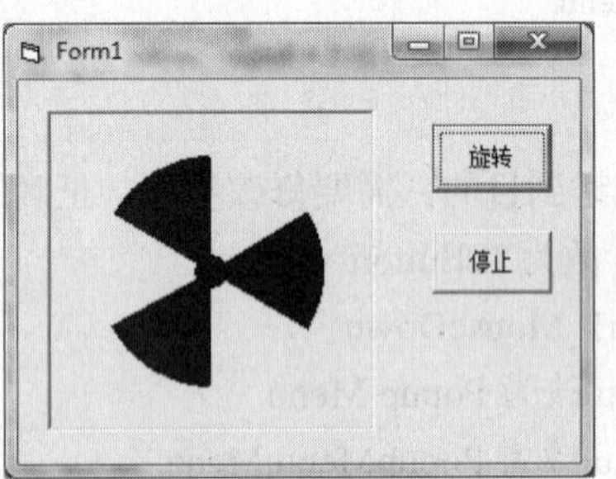

图 3-1-5 运行结果

(5) 图形复制、翻转、放大。设计界面和编写程序，实现单击对应的按钮，实现图形的复制、翻转、放大操作，如图 3-1-6～图 3-1-10 所示。

图 3-1-6 运行结果

图 3-1-7 运行结果

图 3-1-8　运行结果

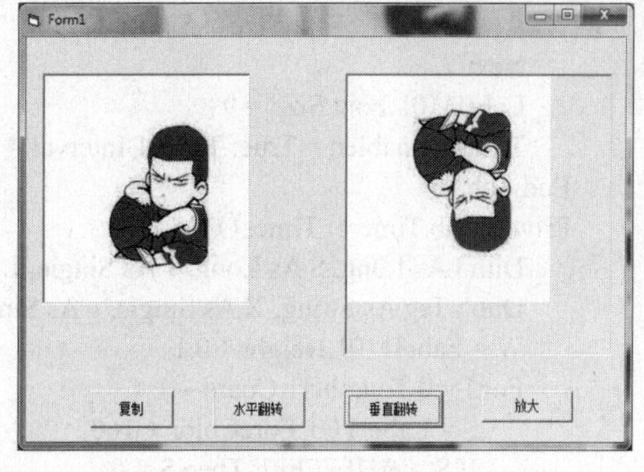

图 3-1-9　运行结果

图 3-1-10　运行结果

3.1.2　实训题答案

1．选择题

题号	(1)	(2)	(3)	(4)	(5)	(6)	(7)
答案	C	B	C	A	D	D	D
题号	(8)	(9)	(10)	(11)	(12)	(13)	(14)
答案	B	B	B	A	D	C	A

2．程序设计题

(1) 步骤①：在窗体上添加两个控件：Label1 和 Timer1，在属性窗口设置 Label1 的 Index 属性为 0。

步骤②：编写程序代码。

```
Private Sub Form_Load()
    Me.Caption = "星空闪烁": Me.BackColor = vbBlack
    Label1(0).AutoSize = True: Label1(0).Caption = "★": Label1(0).BackStyle = 0
    Randomize
    For I = 0 To 40
        If I > 0 Then Load Label1(I): Label1(I).Visible = True
        Label1(I).Move Me.ScaleWidth * Rnd, Me.ScaleHeight * Rnd
        Label1(I).ForeColor = &HFFFFFF * Rnd
        Label1(I).Tag = -3 + Rnd * 7 & "|" & -3 + Rnd * 7
```

```
        Label1(I).Font.Size = 5 + Rnd * 9
    Next
    Label1(0).Font.Size = 9
    Timer1.Enabled = True: Timer1.Interval = 30
End Sub
Private Sub Timer1_Timer()
    Dim I As Long, S As Long, T As Single, L As Single
    Dim nTag As String, X As Single, y As Single, W As Single
    W = Label1(0).Height * 0.1
    For I = 0 To Label1.Count – 1
        S = Label1(I).ForeColor + 160
        If S > &HFFFFFF Then S = 0
        Label1(I).ForeColor = S
        nTag = Label1(I).Tag
        S = InStr(nTag, "|")
        X = Left(nTag, S – 1): y = Mid(nTag, S + 1)
        L = Label1(I).Left + X * W: T = Label1(I).Top + y * W
        If L > Me.ScaleWidth Then L = 0
        If T > Me.ScaleHeight Then T = 0
    Next
End Sub
```

(2)双击窗体，在代码窗口编写代码。首先使用 Scale 方法将窗体的高度和宽度划分成 10 个单位，为了实现黑白相间的效果，在代码中引入一个标志变量 Flag，当 Flag 为 1 时，用黑色画矩形，当 Flag 为–1 时，用白色画矩形。代码如下。

```
Option Explicit
Dim Flag%, i%, j%, X1%, Y1%, X2%, Y2%, c&
Private Sub Form_Click()
Scale (0, 0)–(10, 10)              '定义窗体宽度和高度为是个单位
Flag = 1
For i = 0 To 9                     '外循环每执行一次，由内循环画出棋盘的一列图案
    Flag = Flag * (–1)
    For j = 0 To 9                 '内循环每执行一次，画出第 i+1 列的 j+1 格
    X1 = i: Y1 = j                 '设置小矩形左上角的坐标
    X2 = i + 1: Y2 = j + 1         '设置小矩形右下角的坐标
    If Flag = –1 Then
        c = vbWhite
        Else
        c = vbBlack
        End If
        Line (X1, Y1)–(X2, Y2), c, BF
        Flag = Flag * (–1)
      Next j
      Next i
End Sub
```

步骤③：运行程序，按要求保存文件。

(3)步骤①：向窗体中添加一个图片框，名称为 Picture1，添加一个命令按钮，名称为 Command1，标题为“复制”。

步骤②：编写程序代码。

```
Private Sub Command1_Click()
    Dim i, j As Integer, mcolor As Long
    Form1.ScaleMode = 3
```

```
    For i = 1 To 100
    For j = 1 To 100
    mcolor = Picture1.Point (i, j)
    Form1.PSet (i, j), mcolor
    Next j
    Next i
End Sub
Private Sub Form_Load ()
    Form1.Scale (0, 0) - (100, 100)
    Picture1.Scale (0, 0) - (100, 100)
End Sub
```

(4) 步骤①：向窗体中添加一个图片框，名称为 Picture1；添加两个命令按钮，名称分别为 Command1、Command2，标题分别为“旋转”“停止”；添加一个计时器，名称为 Timer1。设置计时器时间间隔为 100 毫秒。

步骤②：编写程序代码。

```
Option Explicit
Dim alpha1!, alpha2!, alpha3!, alpha4!, alpha5!, alpha6!
Dim alpha11!, alpha12!, alpha21!, alpha22!, alpha31!, alpha32!
Private Sub Command1_Click ()
    Timer1.Enabled = True
End Sub
Private Sub Command2_Click ()
    Timer1.Enabled = False
End Sub
Private Sub Form_Click ()                          '单击窗体显示扇形
    Show
    Picture1.FillStyle = 0
    Picture1.FillColor = vbBlue
    Picture1.Scale (-1, 1) - (1, -1)
    alpha1 = 30                                    '设置第一个扇形的起始角
    alpha2 = 90                                    '设置第一个扇形的起始角
    Picture1.Circle (0, 0), 0.7, vbBlue, -alpha1 * 3.14 / 180, -alpha2 * 3.14 / 180
    alpha3 = 150                                   '设置第二个扇形的起始角
    alpha4 = 210                                   '设置第二个扇形的终止角
    Picture1.Circle (0, 0), 0.7, vbBlue, -alpha3 * 3.14 / 180, -alpha4 * 3.14 / 180
    alpha5 = 270                                   '设置第三个扇形的起始角
    alpha6 = 330                                   '设置第三个扇形的终止角
    Picture1.Circle (0, 0), 0.7, vbBlue, -alpha5 * 3.14 / 180, -alpha6 * 3.14 / 180
    Picture1.Circle (0, 0), 0.1
    Timer1.Enabled = False
End Sub
'在计时器事件中，每隔 100 毫秒重新画图，让每个扇形的画图角度增加 5 度，产生旋转效果
'由于使用 Circle 方法画扇形时，指定的起始角和终止角不能超过 360 度，因此代码中需要将增加
'后的角度对 360 进行取模运算，而且由于画扇形时，起始角和终止角不能为 0，所以每次画扇形
'之前需要先判断起始角和终止角是否为 0，如果为 0，需要增加一个很小的角度，这里假设为 0.001
Private Sub Timer1_Timer ()
    Picture1.Cls
    alpha1 = (alpha1 + 5) Mod 360
```

```
        If alpha1 = 0 Then alpha11 = alpha1 + 0.001 Else alpha11 = alpha1
        alpha2 = (alpha1 + 60) Mod 360
        If alpha1 = 0 Then alpha12 = alpha2 + 0.001 Else alpha12 = alpha2
        Picture1.Circle (0, 0), 0.7, vbBlue, -alpha11 * 3.14 / 180, -alpha12 * 3.14 / 180
        alpha3 = (alpha2 + 60) Mod 360
        If alpha3 = 0 Then alpha21 = alpha3 + 0.001 Else alpha21 = alpha3
        alpha4 = (alpha3 + 60) Mod 360
        If alpha4 = 0 Then alpha22 = alpha4 + 0.001 Else alpha22 = alpha4
        Picture1.Circle (0, 0), 0.7, vbBlue, -alpha21 * 3.14 / 180, -alpha22 * 3.14 / 180
        alpha5 = (alpha4 + 60) Mod 360
        If alpha5 = 0 Then alpha31 = alpha5 + 0.001 Else alpha31 = alpha5
        alpha6 = (alpha5 + 60) Mod 360
        If alpha6 = 0 Then alpha32 = alpha6 + 0.001 Else alpha32 = alpha6
        Picture1.Circle (0, 0), 0.7, vbBlue, -alpha31 * 3.14 / 180, -alpha32 * 3.14 / 180
        Picture1.Circle (0, 0), 0.1
End Sub
```

步骤③：运行程序，按要求保存文件。

(5) 步骤①：向窗体中添加两个图片框，四个命令按钮。按题目要求设置属性。

步骤②：编写程序代码。

使用 PaintPicture 方法可从一个窗体或图片框中向另一个对象复制一个矩形内的像素，其语法格式如下：

```
Dpic.PaintPicture spic,dx,dy,dw,dh,sx,sy,sw,sh,rop
```

方法中，以 d 开头的参数是目标对象或目标对象的相关属性，以 s 开头的参数是源对象或源对象的相关属性。dx,dy,sx,sy 分别代表传送目标对象和传送源矩形区域的起始位置。dw,dh,sw,sh 分别代表传送目标对象和传送源对象的矩形区域的宽和高。

程序代码如下：

```
Option Explicit
Dim sw As Single, sh As Single
Private Sub Command2_Click()
    Picture2.Cls
    Picture2.PaintPicture Picture1, 0, 0, sw, sh, sw, 0, -sw, sh
End Sub
Private Sub Command3_Click()
    Picture2.PaintPicture Picture1, 0, 0, sw, sh, 0, sh, sw, -sh
End Sub
Private Sub Command4_Click()
    Picture2.PaintPicture Picture1, 0, 0, 1.2 * sw, 1.2 * sh
End Sub
Private Sub Form_Load()
    Picture1.Picture = LoadPicture("C:\Users\Administrator.supervisor\Desktop\3.jpg")
    sw = Picture1.ScaleWidth
    sh = Picture1.ScaleHeight
End Sub
Private Sub Command1_Click()
    Picture2.Cls
    Picture2.PaintPicture Picture1, 0, 0, sw, sh, 0, 0, sw, sh
End Sub
```

步骤③：运行程序，按要求保存文件。

3.1.3　能力测试题答案

题号	(1)	(2)	(3)	(4)	(5)	(6)	(7)	(8)
答案	B	D	A	D	B	A	B	C
题号	(9)	(10)	(11)	(12)	(13)	(14)	(15)	(16)
答案	C	C	A	C	C	A	A	C

3.2　简单动画的制作

3.2.1　实训题

(1) 实现在图像框上自由绘图。界面设计和功能实现如图 3-2-1～图 3-2-5 所示。

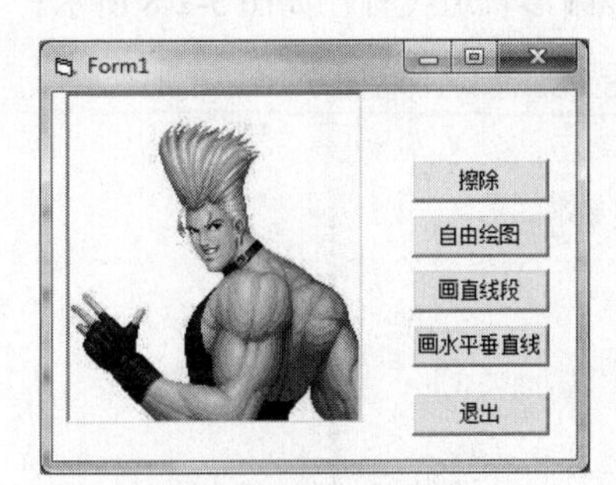

图 3-2-1　运行结果

图 3-2-2　自由绘图

图 3-2-3　擦除

图 3-2-4　画直线段

图 3-2-5　画水平垂直线

(2) 使用键盘控制图片的移动方向。模仿俄罗斯方块，设计一个弹球游戏程序，游戏开始后，小球随机向上、下、左、右移动。游戏者可以按键盘中的上、下、左、右键控制小球，一旦小球碰到四周边框，则游戏结束，并在窗体下方显示游戏时间，如图 3-2-6、图 3-2-7 所示。

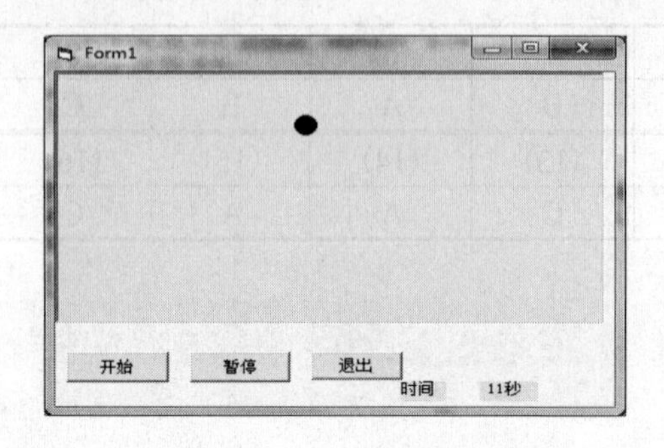

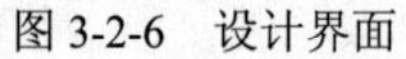
图 3-2-6　设计界面

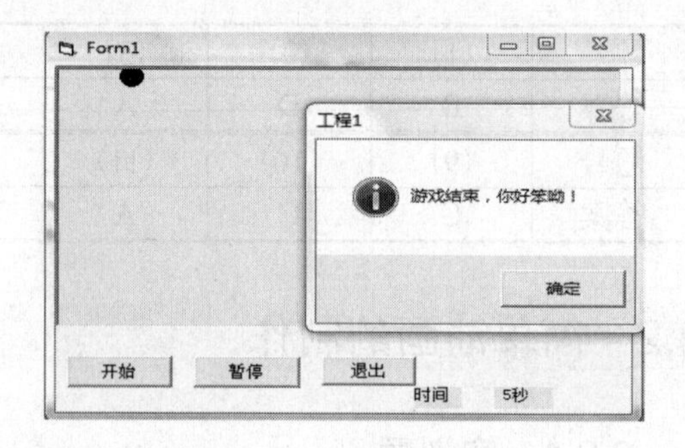

图 3-2-7　运行结果

(3) 飞机飞行。设计界面，实现飞机在界面上沿椭圆形轨道飞行，如图 3-2-8 所示。

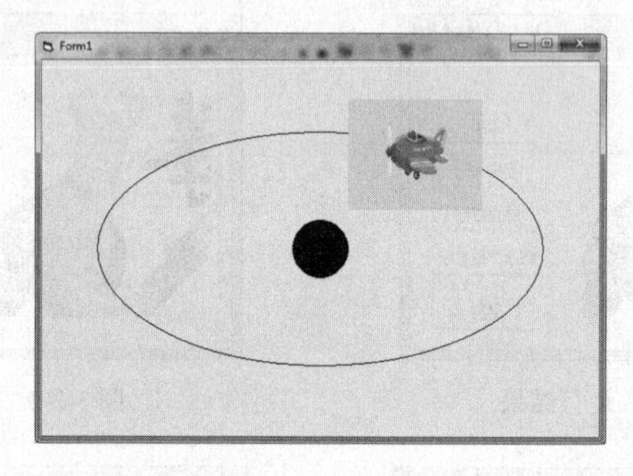

图 3-2-8　运行结果

3.2.2　实训题答案

(1) 步骤①：向窗体中添加一个图片框，五个命令按钮。按题目要求设置属性，如表 3-2-1 所示。

表 3-2-1　属性设置

控件	属性	设置值	设置值	设置值	设置值	设置值
图片框	Name	Picture1				
	AutoSize	True				
命令按钮	Name	Command1	Command2	Command3	Command4	Command5
	Caption	擦除	自由绘图	退出	画直线段	画水平垂直线

步骤②：分别双击各个命令按钮，编写代码如下：

```
Option Explicit
Dim mousestate%                          '记录按下了哪个按钮
Dim x1!, y1!
Private Sub Command1_Click()
    mousestate = 1
End Sub
```

```
Private Sub Command2_Click()
    mousestate = 2
End Sub
Private Sub Command3_Click()
    End
End Sub
Private Sub Command4_Click()
    mousestate = 3
End Sub
Private Sub Command5_Click()
    mousestate = 4
End Sub
Private Sub Form_Load()
'为图片框加载图片
    Picture1.Picture = LoadPicture("3-2.jpg")
End Sub
'使用 MouseDown 和 MouseUp 两个方法，通过按下鼠标左键并移动鼠标实现画直线段和画水平
'垂直线的功能
Private Sub Picture1_MouseDown(Button As Integer, Shift As Integer, X As
        Single, Y As Single)
    If Button = 1 And (mousestate = 3 Or mousestate = 4) Then
        '当按下使用“画直线段”或“画水平垂直线”按钮时
            x1 = X: y1 = Y                  '按下鼠标左键确定画线的起始坐标
    End If
End Sub
Private Sub Picture1_MouseUp(Button As Integer, Shift As Integer,
        X As Single, Y As Single)
    If Button = 1 And mousestate = 3 Then          '当使用画直线段功能时
        Picture1.Line (x1, y1)-(X, Y)              '松开鼠标左键确定终止坐标，画一个直线段
    End If
    If Button = 1 And mousestate = 4 And Shift = 1 Then
        '当使用画水平垂直直线功能时，如果按下 Shift 键，则画水平直线
            Picture1.Line (x1, y1)-(X, y1)     '松开鼠标左键，确定终止坐标的 X 值
    End If
    If Button = 1 And mousestate = 4 And Shift = 2 Then
        '当使用画水平垂直线功能时，如果按下 Ctrl 键，则画垂直直线
            Picture1.Line (x1, y1)-(x1, Y)     '松开鼠标左键，确定终止坐标的 Y 值
    End If
End Sub
Private Sub Picture1_MouseMove(Button As Integer, Shift As Integer, X As
        Single, Y As Single)
    Picture1.FillStyle = 7
    If mousestate = 1 And Button = 1 Then          '按下“擦除”按钮后实现擦除功能
        Picture1.CurrentX = X: Picture1.CurrentY = Y
        Picture1.Circle (X, Y), 50, vbWhite
        '因为图片背景色为白色，所以擦除所用的颜色为白色，笔触图形为圆形
    End If
    If mousestate = 2 And Button = 1 And Shift <> 1 Then
        '当按下“自由绘图”按钮时实现绘图功能
        Picture1.CurrentX = X: Picture1.CurrentY = Y
        Picture1.Circle (X, Y), 50, vbBlack        '使用黑色线条画图，笔触图形为圆形
```

```
        End If
        Picture1.AutoRedraw = True                    '自动重画功能
    End Sub
```

步骤③：运行程序，按要求保存文件。

(2) 步骤①：向窗体中添加一个图像框、一个形状控件、三个命令按钮控件、两个计时器控件、两个标签控件。按题目要求设置各个控件的属性，如表 3-2-2 所示。

表 3-2-2　属性设置

控件	属性	设置值	设置值	设置值
命令按钮	Name	Command1	Command2	Command3
	Caption	开始	暂停	退出
标签	Name	Label1	Label2	
	Caption	时间		
窗体	Name	Form1		
	Caption	Form1		
计时器	Name	Timer1	Timer2	
	Enabled	False	False	
	Interval	200	1000	
形状	Name	Shape1		
	Shape	3		
	FillColor	红色		

步骤②：编写程序代码。

```
Option Explicit
Dim gametime%
Dim x%, y%
Private Sub Command1_Click()
    Picture1.SetFocus
    Timer1.Enabled = True
    Timer2.Enabled = True
End Sub
Private Sub Command2_Click()
    Timer1.Enabled = False
    Timer2.Enabled = False
End Sub
Private Sub Command3_Click()
    End
End Sub
Private Sub Picture1_KeyDown(KeyCode As Integer, Shift As Integer)
    Select Case KeyCode
    Case 37                                   '按下方向键左键，小球向左移动
    Shape1.Left = Shape1.Left - 200
    Case 38                                   '按上方向键右键，小球向上移动
    Shape1.Top = Shape1.Top - 200
    Case 39
    Shape1.Left = Shape1.Left + 200
    Case 40
    Shape1.Top = Shape1.Top + 200
    End Select
```

```
End Sub
Private Sub Timer1_Timer()
    Randomize
    x = Int(Rnd() * 800 – 400)                    '生成一个–400 到 400 的随机数
    y = Int(Rnd() * 800 – 400)
    Shape1.Move Shape1.Left + x, Shape1.Top + y    '小球随机向上、下、左、右移动
    '若小球移动出四周边框，则游戏结束
    If Shape1.Top >= Picture1.Height Or Shape1.Left >= Picture1.Width Or
                Shape1.Top <= 0 Or Shape1.Left <= 0 Then
    MsgBox "游戏结束", 64
    Timer1.Enabled = False
    Timer2.Enabled = False
    Else
    End If
End Sub
Private Sub Timer2_Timer()
    gametime = gametime + 1
    Label2.Caption = Str(gametime) + "秒"
End Sub
```

步骤③：运行程序，按要求保存文件。

(3)编写程序代码。

```
Option Explicit
Private Sub Form_Click()
    Scale (–2000, 1000)–(2000, –1000)              '自定义坐标系
    Me.FillStyle = 0
    Me.FillColor = vbRed
    Circle (0, 0), 200, vbRed                      '画一个中心
    Me.FillStyle = 1
    Circle (0, 0), 1600, vbBlue, , , 0.5           '画运行轨迹
    Form1.DrawMode = 7
    Timer1.Enabled = True
    Me.FillStyle = 0
End Sub
Private Sub Form_Load()
    Timer1.Interval = 100
    Timer1.Enabled = False
End Sub
Private Sub Timer1_Timer()
    Static pai, flag
    Dim x As Single, y As Single
    flag = Not flag
    If flag Then pai = pai + 2 * 3.14 / 100        '位移为 3.6 度
    If pai > 6.28 Then pai = 0                     '转一圈后，pai 从 0 度重新开始
    x = 1600 * Cos(pai)                            '计算飞机在轨迹中的坐标
    y = 800 * Sin(pai)
    Image1.Move x, y                               '画飞机
End Sub
```

第 4 单元

VB 数组和文件系统

4.1 VB 数组

知识点 1　静态与动态数组
知识点 2　数组的基本操作

4.1.1 实训题

1. 选择题

(1) 下列说法中正确的是(　　)。

A. 数组下标的下界可以是负数
B. Erase 语句的作用是释放静态数组中各元素所占的内存空间
C. 控件数组中所包含的各控件的 Name 属性不能相同
D. 控件数组中所包含的各控件的 Index 属性可以相同

(2) 以下语句中正确的是(　　)。

A. Dim n(1 To 5, 10) As Single
B. Dim m[1,5] As Integer
C. Option Base 5
D. Dim m(5) As Integer: ReDim m(10)

(3) 设先画了一个名称为 Command1 的命令按钮，再把此按钮复制到剪贴板中，然后用粘贴的方法建立了一个命令按钮数组，则下面的叙述中错误的是(　　)。

A. 若未做修改，则数组中每个按钮的同一属性的值都相同
B. 数组中每个按钮的名称(Name 属性)均为 Command1
C. 若未做修改，则数组中所有按钮的外观相同
D. 数组中所有按钮共用同一个 Click 事件过程

(4) 在下列数组定义语句中，数组元素个数与其他三个数组不同的是(　　)。

A. Option Base 1
Dim A(4, 5)
B. Dim B(4, 5)
C. Static C(3, 4)
D. Dim D(-1 To 2, 1 To 5)

(5) 语句 Dim Arr(-2 To 4) As Integer 所定义的数组的元素个数为（ ）。

A．7　　B．6　　C．5　　D．4

(6) 设有如下声明语句：

```
Option Base 1
Dim arr(2, -1 To 5) As Integer
```

则数组 arr 中数组元素的个数是（ ）。

A．10　　B．12　　C．14　　D．21

(7) 以下声明数组和给数组赋值的语句中，正确的是（ ）。

A．Dim x As Variant
x = Array(1, 2, 3, 4, 5, 6)

B．Dim x(6) As String
x = "ABCDEF"

C．Dim x(6) As Integer
x = Array(1, 2, 3, 4, 5, 6)

D．Dim x(2), y(2) As Integer
x(0) = 1: x(1) = 2: x(2) = 3
y = x

(8) 下列说法中正确的是（ ）。

A．数组变量可以定义成 Variant 型

B．ReDim 语句与 Dim 语句一样，可以定义数组，因此，该语句可以放在程序的任何地方

C．控件数组中所包含的控件必须是同一种类型的，且它们的 Name 属性不能相同

D．数组的下标不能为负数

(9) 下面的数组定义中正确的是（ ）。

A．Dim arr%(-5 To -2, 5)

B．Dim arr%(-2, 0 To 5)

C．Dim arr(8, 3)%

D．Dim arr(-1 To -3)

(10) 下列语句中，不能用于定义数组的关键字是（ ）。

A．Const　　B．ReDim　　C．Static　　D．Dim

(11) 下列有关数组的说法中，正确的是（ ）。

A．数组的下标不可以是负数

B．模块通用声明处有 Option Base 1，则模块中数组定义语句 Dim A(0 To 5) 会与之冲突

C．模块通用声明处有 Option Base 1，模块中有 Dim A(0 To 5)，则 A 数组的第一维下界为 0

D．模块通用声明处有 Option Base 1，模块中有 Dim A(0 To 5)，则 A 数组的第一维下界为 1

(12) 下列有关数组的说法中，错误的是（ ）。

A．数组必须先定义后使用

B．数组形参可以是定长字符串类型

C．Erase 语句的作用是对已定义数组的值重新初始化

D．定义数组时，数组维数可以不是整数

(13) 设有如下数组声明：Dim a() As Single，下列关于这一声明的叙述中，正确的是（ ）。

A．若在此之后又用语句 ReDim 定义了 a 的维数和下标范围，则 a 是一个合法的动态数组

B．因为没有定义 a 的维数和下标范围，所以该语句是错误的

C．因为没有定义 a 的维数和下标范围，所以默认 a 是一维数组，下标范围为 0～10

D．a 是一维动态数组，可以直接使用，其元素个数可以变化

(14) 下面的声明中正确的是(　　)。

A．Dim a() As Boolean
　　ReDim a(8, 5)

B．Dim a()
　　ReDim a(5) As Integer

C．Dim a(3) As Integer
　　ReDim a(5)

D．Dim a()
　　ReDim a()

(15) 窗体上有一个名称为 Option1 的单选按钮控件数组，程序运行时，当单击某个单选按钮时，会调用下面的事件过程：

```
Private Sub Option1_Click(Index As Integer)
…
End Sub
```

下列关于此过程的参数 Index 的叙述中，正确的是(　　)。

A．Index 为 1 表示单选按钮被选中，为 0 表示未被选中

B．Index 的值可正可负

C．Index 的值用来区分哪个单选按钮被选中

D．Index 表示数组中单选按钮的数量

(16) 设有如下程序段，则正确的说法是(　　)。

```
For i = 1 To 100 Step 0
    x = x + 1
Next
```

A．该循环为无限循环

B．该循环只循环 1 次

C．该程序段有语法错误，不能执行，系统报错

D．该循环循环 100 次

(17) 下列正确使用动态数组的是(　　)。

A．Dim arr() As Integer
　　…
　　ReDim arr(3, 5)

B．Dim arr() As Integer
　　…
　　ReDim arr(50) As String

C．Dim arr()
　　…
　　ReDim arr(50) As Integer

D．Dim arr(50) As Integer
　　…
　　ReDim arr(20)

(18) 编写如下程序代码：

```
Option Explicit
Private Sub Form_Click()
    Dim x As Variant
    Dim i As Variant
    x = Array(50, 27, 69, 80, 45)
    For Each i In x
        If i Mod 2 = 0 Then
            Print i
        End If
    Next i
End Sub
```

以下叙述中正确的是(　　)。

A．程序的功能是输出数组 x 中的所有偶数

B．将语句 For Each i In x 改为 For i=0 To 5，程序功能不变

C．变量 x 和 i 也可定义为 Integer 型，程序功能不变

D．程序的功能是输出数组 x 中的所有奇数

(19) 窗体上有 Command1、Command2 两个命令按钮。现编写以下程序：

```
Option  Base 0
Dim a() As Integer, m As Integer
Private Sub Command1_Click()
    m = InputBox("请输入一个正整数")
    ReDim a(m)
End Sub
Private Sub Command2_Click()
    m = InputBox("请输入一个正整数")
    ReDim a(m)
End Sub
```

运行程序时，单击 Command1 后输入整数 10，单击 Command2 后输入整数 5，则数组 a 中元素的个数是(　　)。

A．5　　　　B．6　　　　C．10　　　　D．11

(20) 阅读下面的程序：

```
Private Sub Command1_Click()
    Dim s As Integer
    s = 0
    a = Array(65, 23, 12, 54, 67, 32, 45, 98, 48, 62)
    For k = 0 To 4
        If a(k) > a(9 - k) Then
            s = s + a(k)
        End If
    Next k
    Print s
End Sub
```

以上程序运行后的输出是(　　)。

A．186　　　　B．35　　　　C．221　　　　D．285

2．程序设计题

(1) 在文本框 Text1 中放入一维数组的元素个数 *n*，在文本框 Text2 中放入 *n* 个数组元素，单击命令按钮 Command1，找出这 *n* 个数中最小的数放入文本框 Text3 中，将该数在数组中的下标放入文本框 Text4 中，如图 4-1-1 所示。

(2) 在窗体上画一个名称为 Label1 的标签，它能根据标题内容自动调整大小，外观如图 4-1-2 所示，程序要实现以下功能：每单击按钮一次，按钮标题在“停止”和“开始”之间切换。若按钮标题为“停止”，则标签内容每 2 秒变换一次，内容依次是“欢迎您参加等级考试！”“请您认真复习！”“祝您取得好成绩！”，并循环变化。若按钮标题为“开始”，则标签内容停止变化。

图 4-1-1　设计界面

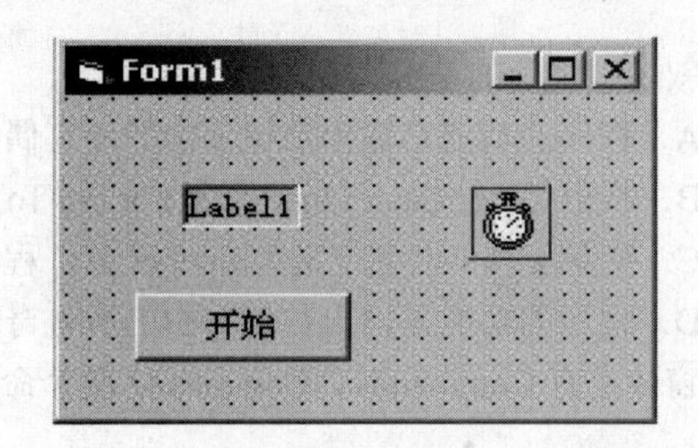

图 4-1-2　设计界面

(3) 在 Text1 文本框内输入随机数个数，单击“产生随机数”按钮，先将列表框中的内容全部清除，再向列表框添加指定个数的随机数，如图 4-1-3 所示。单击“删除奇数”按钮，删除列表框中的所有奇数，并将被删数之和显示在 Text2 文本框中，如图 4-1-4 所示。

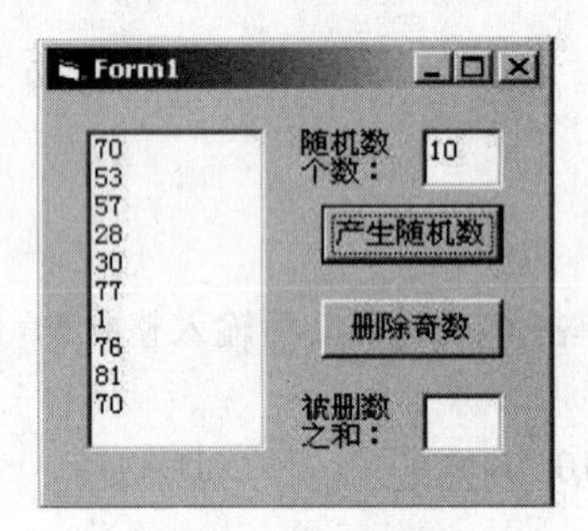

图 4-1-3　运行结果

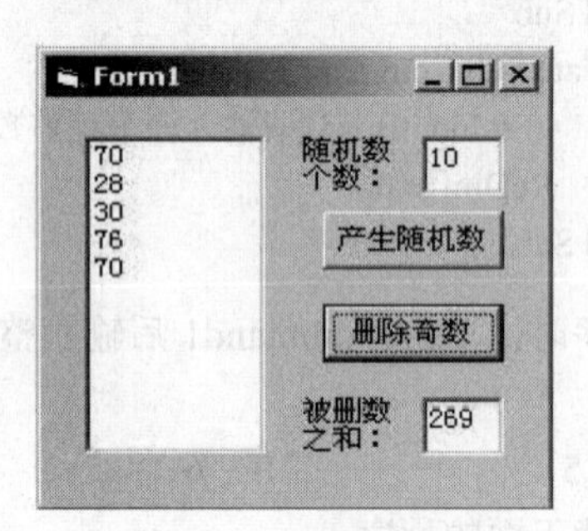

图 4-1-4　运行结果

4.1.2　实训题答案

1. 选择题

题号	(1)	(2)	(3)	(4)	(5)	(6)	(7)	(8)	(9)	(10)
答案	A	A	A	B	A	C	A	A	A	A
题号	(11)	(12)	(13)	(14)	(15)	(16)	(17)	(18)	(19)	(20)
答案	C	C	A	A	C	A	A	A	B	A

2. 程序设计题

(1) 编写程序代码。

```
Private Sub Command1_Click()
    Dim a() As Integer
    n = Val(Text1.Text)
    ReDim a(n)
    For i = 1 To n
        a(i) = Mid(Text2.Text, i, 1)
    Next
    m = a(1)
    im = 0
    For i = 1 To n
        If (a(i) <= m) Then
            m = a(i)
```

```
            im = i
        End If
    Next
    Text3.Text = m
    Text4.Text = im
End Sub
```

(2)步骤①：在窗体 Form1 中，添加一个命令按钮 Command1、一个计时器 Timer1、一个标签 Label1，并设置 LabelAutoSize 属性值为 True。

步骤②：编写程序代码。

```
Private Sub Command1_Click()
    Timer1.Enabled = Not Timer1.Enabled
    Command1.Caption = IIf(Command1.Caption = "开始", "停止", "开始")
End Sub
Private Sub Form_Load()
    Timer1.Interval = 2000
End Sub
Private Sub Timer1_Timer()
    Static n
    Dim a As Integer
    n = n + 1
    a = n Mod 3
    Select Case a
        Case 1
            Label1.Caption = "欢迎您参加等级考试！"
        Case 2
            Label1.Caption = "请您认真复习！"
        Case 0
            Label1.Caption = "祝您取得好成绩！"
    End Select
End Sub
```

步骤③：调试并运行程序。

(3)编写程序代码。

```
Private Sub Command1_Click()
    n = Val(Text1.Text)
    List1.Clear
    For k = 1 To n
        List1.AddItem Int(Rnd * 100)
    Next k
End Sub
Private Sub Command2_Click()
    For k = List1.ListCount - 1 To 0 Step -1
        If Val(List1.List(k)) Mod 2 = 1 Then
            s = s + Val(List1.List(k))
            List1.RemoveItem k
        End If
    Next k
    Text2 = s
End Sub
```

4.1.3 能力测试题答案

1. 选择题

题号	(1)	(2)	(3)	(4)	(5)	(6)	(7)	(8)	(9)	(10)
答案	C	D	A	A	C	C	B	C	B	B
题号	(11)	(12)	(13)	(14)	(15)	(16)	(17)	(18)	(19)	(20)
答案	D	A	A	D	B	A	C	A	D	A

2. 程序设计题

(1) 编写程序代码。

```
Private Sub Command1_Click()
    Randomize
    For k = 0 To 9
        Label1(k).Caption = Int(Rnd * 90 + 10)
    Next k
End Sub
Private Sub Command2_Click()
    For k = 0 To 4
        temp = Label1(k).Caption
        Label1(k).Caption = Label1(9 - k).Caption
        Label1(9 - k).Caption = temp
    Next k
End Sub
```

(2) 编写程序代码。

```
Dim a(10)
Private Sub Command1_Click()
    Text1.Text = ""
    Text2.Text = ""
    For i = 1 To 10
        a(i) = Fix(Rnd * 99 + 1)
        For j = 1 To i - 1
            If a(i) = a(j) Then
                i = i - 1
                Exit For
            End If
        Next j
    Next i
    For i = 1 To 10
        Text1.Text = Text1.Text + Str(a(i)) + Space(2)
    Next i
End Sub
Private Sub Command2_Click()
    Dim num As Integer, i As Integer
    num = InputBox("请输入待查找的数")
    For i = 1 To 10
        If a(i) = num Then
            Text2.Text = Str(num) + "是数组中的第" + Str(i) + "个值"
            Exit For
        End If
```

```
    Next i
    If i > 10 Then
        Text2.Text = Str(num) + "不存在于数组中"
    End If
End Sub
```

(3) 编写程序代码。

```
Private Sub Command1_Click()
    n = Val(Text1.Text)
    List1.Clear
    For k = 1 To n
        List1.AddItem Int(Rnd * 100)
    Next k
End Sub
Private Sub Command2_Click()
    For k = List1.ListCount - 1 To 0 Step -1
        If Val(List1.List(k)) Mod 2 = 1 Then
            s = s + Val(List1.List(k))
            List1.RemoveItem k
        End If
    Next k
    Text2 = s
End Sub
```

(4) 编写程序代码。

```
Private Sub Form_Click()
    Const N = 4
    Const M = 4
    Dim Mat(N, M) As Integer
    Dim i, j, t
    b = Array(32, 43, 76, 58, 28, 12, 98, 57, 31, 42, 53, 64, 75, 86, 97,
          13, 24, 35, 46, 57, 68, 79, 80, 59, 37)
    For i = 0 To N
        For j = 0 To M
            Mat(i, j) = b(5 * i + j)
        Next j
    Next i
    Print
    Print "初始矩阵为："
    Print
    For i = 0 To N
        For j = 0 To M
            Print Tab(5 * j); Mat(i, j);
        Next j
        Print
    Next i
    For i = 0 To N
        t = Mat(i, 1)
        Mat(i, 1) = Mat(i, 3)
        Mat(i, 3) = t
    Next i
    Print
    Print "交换第二列和第四列后的矩阵为："
    Print
```

```
        For i = 0 To N
            For j = 0 To M
                Print Tab(5 * j); Mat(i, j);
            Next j
            Print
        Next i
    End Sub
```

4.2 VB 文件管理

知识点 1　文件的读/写

知识点 2　常用的文件操作语句和函数

4.2.1 实训题

1．选择题

(1) 下列关于文件的叙述中，正确的是(　　)。

A．打开文件时给文件确定了一个文件号，关闭该文件后，可以用此文件号打开其他文件

B．在打开和关闭文件时都要指定文件名

C．对于随机文件，只能进行随机访问，不能进行顺序访问

D．如果希望用文件存储一个整数，只能使用二进制文件，不能使用文本文件

(2) 使用 Open 语句可以打开或建立文件，并同时指定文件的输入/输出方式。下列输入/输出方式中错误的是(　　)。

A．Sequential　　B．Output　　C．Random　　D．Append

(3) 下面关于文件的叙述中，错误的是(　　)。

A．以 Input 方式打开文件时，若文件不存在，则建立一个新文件

B．顺序文件各记录的长度可以不同

C．使用 Append 方式打开文件时，文件指针被定位到文件尾

D．随机文件打开后，既可以读，又可以写

(4) Open 语句中以 Input 方式打开一个顺序文件，可从该文件中读取数据。以下叙述中正确的是(　　)。

A．要打开的必须是一个已存在的文件

B．要打开的必须是一个要建立的文件

C．可以在打开时指定文件是否存在

D．可以不必考虑文件是否存在

(5) 在 VB 中，“文件”是指(　　)。

A．存放在外部介质上的数据的集合　　B．内存中的全部指令

C．内存中的全部程序和数据　　D．用打印机打印出来的程序清单

(6) VB 的窗体文件(.frm 文件)是一个文本文件，它(　　)。

A．可以被当成顺序文件读取

B．可以被当成随机文件读取

C．既可被当成顺序文件读取，又可被当成随机文件读取

D．不能作为 VB 的数据文件来访问

(7) 目录列表框 Path 属性的作用是(　　)。

A．显示当前驱动器或指定驱动器上的目录结构

B．显示当前驱动器或指定驱动器上的某目录下的文件名

C．显示根目录下的文件名

D．只显示当前路径下的文件

(8) 若改变驱动器列表框的 Drive 属性，则将触发的事件是(　　)。

A．Change　　B．Scroll　　C．KeyDown　　D．KeyUp

(9) 下列关于随机文件的描述中，错误的是(　　)。

A．每条记录的长度必须相同　　B．每条记录都有一个记录号

C．数据存取灵活方便，容易修改　　D．只能随机存取

(10) 用 Open 语句打开文件时，若省略“For 方式”，则该文件的存取方式是(　　)。

A．顺序存取方式　　B．随机存取方式

C．二进制存取方式　　D．不确定

(11) 为了保存数据，需要打开顺序文件“E:\UserData.txt”，以下正确的命令是(　　)。

A．Open E:\UserData.txt For Input As #1

B．Open "E:\UserData.txt" For Input As #2

C．Open E:\UserData.txt For Output As #1

D．Open "E:\UserData.txt" For Output As #2

(12) 在 Open 语句中，可以用 Output 和 Append 两种方式打开顺序文件，其主要区别是(　　)。

A．Output 总是从文件的第一个记录开始写数据，而 Append 在文件最后一个记录后面添加数据

B．Output 在文件最后一个记录后面添加数据，而 Append 总是从文件的第一个记录开始写数据

C．Output 和 Append 都只能从文件的第一个记录开始写数据

D．Output 和 Append 都可以在文件的最后一个记录后面添加数据

(13) 下面关于 VB 数据文件的叙述中，错误的是(　　)。

A．VB 数据文件不包括 VB 的窗体文件

B．VB 应用程序可以用随机方式读/写数据文件

C．VB 应用程序在读/写数据文件之前，必须用 Open 语句打开该文件

D．VB 应用程序不能把一个二维表格中的数据存入文件

(14) 在程序中发现语句：Put　#1, 2, num，并且能够正确执行，因此可以判断(　　)。

A．已经打开了文件号为 1 的顺序文件

B．已经打开了文件号为 2 的顺序文件

C．已经打开了文件号为 1 的随机文件或二进制文件

D．已经打开了文件号为 2 的随机文件或二进制文件

(15) 写文件语句 Print # 与 Write #的区别之一是(　　)。

A．Write #用于写二进制文件，Print #用于写文本文件

B．Print #既可以写顺序文件，也可以写随机文件，而 Write #只能写顺序文件

C．Print #写到文件的每个数据项之间自动添加“,”字符，而 Write #没有

D．Write #写到文件的每个数据项之间自动添加“,”字符，而 Print #没有

(16) 窗体上有一个名称为 Text1 的文本框和一个名称为 Command1 的命令按钮。以下程序的功能是从顺序文件中读取数据：

```
Private Sub Command1_Click()
    Dim s1 As String, s2 As String
    Open "C:\d4.dat" For Append As #3
    Line Input #3, s1
    Line Input #3, s2
    Text1.Text = s1 + s2
    Close
End Sub
```

该程序运行时发生错误，应该进行的修改是(　　)。

A．将 Open 语句中的 For Append 改为 For Input

B．将 Line Input 改为 Line

C．将两条 Line Input 语句合并为 Line Input #3, s1,s2

D．将 Close 语句改为 Close #3

(17)窗体上有一个名称为 Command1 的命令按钮。要求编写程序，把文件 f1.txt 中的内容写到文件 f2.txt 中，然后将文件 f1.txt 删除。命令按钮的单击事件过程如下：

```
Private Sub Command1_Click()
    Open "C:\f1.txt" For Input As #1
    Open "C:\f2.txt" For Output As #2
    Do While Not EOF(2)
        Line Input #1, str1
        Print #2, str1
    Loop
Close
Kill "C:\f1.txt"
End Sub
```

该程序运行时发生错误，应该进行的修改是(　　)。

A．打开 f1.txt 应该使用 Output 方式，打开 f2.txt 应该使用 Input 方式

B．Not EOF(2)应该改为 Not EOF(1)

C．Line Input 应该改为 Get

D．将 Close 语句改为 Close All

(18)在窗体上画一个名称为 Dir1 的目录列表框和一个名称为 File1 的文件列表框。当改变当前目录时，文件列表框中同步显示目录列表框中当前被打开目录中的文件，所使用的事件过程是(　　)。

A．
```
Private Sub Dir1_Change()
    File1.Path = Dir1.Path
End Sub
```

B．
```
Private Sub Dir1_Change()
    File1.Path = Dir1.Drive
End Sub
```

C．
```
Private Sub Dir1_Change()
    Dir1.Path = File1.Path
End Sub
```

D．
```
Private Sub Dir1_Change()
    File1.Drive = Dir1.Path
End Sub
```

(19)有如下子过程：

```
Sub proc()
    Dim ch As String
    Open "file1.txt" For Input As #1
    Open "file1_bak.txt" For Output As #2
    Do While Not EOF(1)
```

```
            ch = Input$(1, #1)
            Print #2, ch;
        Loop
        Close #1, #2
    End Sub
```

这个过程的功能是(　　)。

A．读入文件 file1.txt 的内容在窗体上显示

B．读入文件 file1_bak.txt 的内容在窗体上显示

C．把文件 file1_bak.txt 复制为 file1.txt 文件

D．把文件 file1.txt 复制为 file1_bak.txt 文件

(20) 设有如下程序代码：

```
    Private Sub Command1_Click()
        Dim Sname As String, SNo As String, Score As Single
        Open "D:\Score.txt" __________ As #1
        SNo = InputBox("输入学号：")
        Sname = InputBox("输入姓名：")
        Score = Val(InputBox("输入成绩："))
        Print #1, SNo, Sname, Score
        Close #1
    End Sub
```

以上程序的功能是：向文件 D:\Score.txt 中写入一名同学的学号、姓名和成绩，当文件不存在时，新建该文件；当文件存在时，覆盖原文件的内容。在横线处应填入的内容是(　　)。

A．For Output　　B．For Input　　C．For OverWrite　　D．For Random

2．程序设计题

(1) 在名称为 Form1 的窗体上画一个名称为 CD1 的通用对话框，通过属性窗口设置 CD1 的初始路径为 C:\，默认的文件名为 None，标题为“保存等级考试”，如图 4-2-1 所示。

图 4-2-1　设计界面

(2) 在名称为 Form1 的窗体上画一个名称为 Text1 的文本框、一个名称为 Label1、标题为“二维数组 a(20,5)”的标签和两个标题分别为“读数据”和“计算”的命令按钮；请画一个标题为“各行平均数的最大值为”的标签 Label2，再画一个初始内容为空的文本框 Text2，如图 4-2-2 所示。程序功能如下：

① 单击“读数据”按钮，将 in5.dat 文件的内容读入 20 行 5 列的二维数组 a 中，同时显示在 Text1 文本框内；

② 单击“计算”按钮，自动统计二维数组 a 中各行的平均数，并将这些平均数中的最大值显示在 Text2 文本框内。

(3) 在窗体上画两个名称分别为 Text1、Text2 的文本框，其中 Text1 可多行显示。请画两个名称分别为 Command1、Command2，标题分别为“产生数组”和“查找”的命令按钮，再画一个名称为 Label1、标题为“查找结果:”的标签，如图 4-2-3 所示。程序功能如下：

① 单击“产生数组”按钮，用随机函数生成 10 个 0～100 之间(不含 0 和 100)互不相同的数值，并将它们保存到一维数组 a 中，同时也将这 10 个数值显示在 Text1 文本框内；

② 单击“查找”按钮，将弹出输入对话框，接收用户输入的任意一个数，并在一维数组 a 中查找该数。若查找失败，则在 Text2 文本框内显示该数“不存在于数组中”，否则显示该数在数组中的位置。

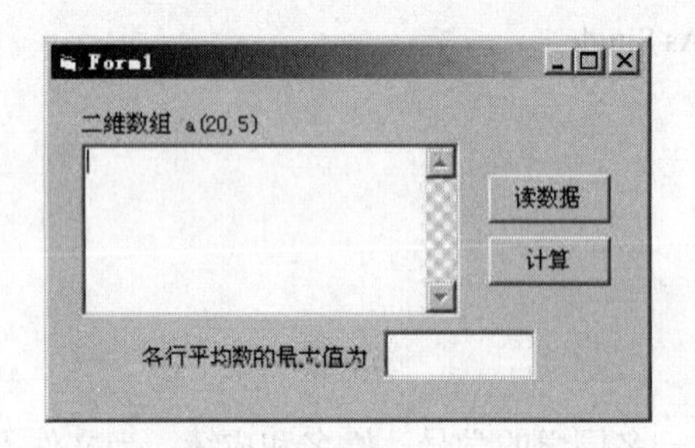

图 4-2-2　设计界面

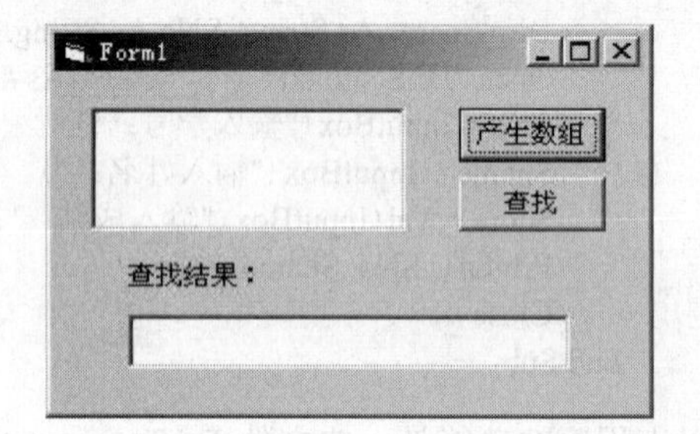

图 4-2-3　设计界面

4.2.2　实训题答案

1. 选择题

题号	(1)	(2)	(3)	(4)	(5)	(6)	(7)	(8)	(9)	(10)
答案	A	A	A	A	A	A	A	A	D	B
题号	(11)	(12)	(13)	(14)	(15)	(16)	(17)	(18)	(19)	(20)
答案	D	A	D	C	D	A	B	A	D	A

2. 程序设计题

(1) 步骤①：按照题目要求建立窗体和控件，并设置控件的属性。程序中涉及的控件及其属性如表 4-2-1 所示。

表 4-2-1　属性设置

控　件	Microsoft Common Dialog Control			
属　性	Name	DialogTitle	FileName	InitDir
设 置 值	CD1	保存等级考试	None	C:\

步骤②：编写程序代码。

```
Private Sub Form_Load()
        CD1.ShowSave
End Sub
```

(2) 编写程序如下。

```
Dim a(20, 5) As Integer
Private Sub Command1_Click()
    Open App.Path & "\in5.dat" For Input As #1
    For i = 1 To 20
        For j = 1 To 5
            Input #1, a(i, j)
            Text1 = Text1 + Str(a(i, j)) + Space(2)
        Next j
        Text1 = Text1 + Chr(13) + Chr(10)
    Next i
    Close #1
End Sub
Private Sub Command2_Click()
    Dim sum As Long
    Dim max As Long
    Dim b(20) As Integer
    For i = 1 To 20
        sum = 0
        For j = 1 To 5
            sum = a(i, j) + sum
        Next j
        b(i) = sum / 5
    Next i
    max = b(1)
    For i = 1 To 20
        If b(i) > max Then max = b(i)
    Next
    Text2 = max
End Sub
```

(3) 编写程序如下。

```
Dim a(10)
Private Sub Command1_Click()
    Text1.Text = ""
    Text2.Text = ""
    For i = 1 To 10
        a(i) = Fix(Rnd * 99 + 1)
        For j = 1 To i - 1
            If a(i) = a(j) Then
                i = i - 1
                Exit For
            End If
        Next j
    Next i
    For i = 1 To 10
        Text1.Text = Text1.Text + Str(a(i)) + Space(2)
    Next i
End Sub
Private Sub Command2_Click()
    Dim num As Integer, i As Integer
    num = InputBox("请输入待查找的数")
```

```
    For i = 1 To 10
        If a(i) = num Then
            Text2.Text = Str(num) + "是数组中的第" + Str(i) + "个值"
            Exit For
        End If
    Next i
    If i > 10 Then
        Text2.Text = Str(num) + "不存在于数组中"
    End If
End Sub
```

4.2.3　能力测试题答案

1．选择题

题号	(1)	(2)	(3)	(4)	(5)	(6)	(7)	(8)	(9)	(10)
答案	C	C	A	A	A	B	A	D	D	D
题号	(11)	(12)	(13)	(14)	(15)	(16)	(17)	(18)	(19)	(20)
答案	A	C	B	C	B	A	B	A	A	A

2．程序设计题

(1)编写程序代码。

```
Private Sub Command1_Click()
    Dim s As String
    CommonDialog2.Filter = "所有文件|*.*|文本文件|*.txt"
    CommonDialog2.FilterIndex = 2
    CommonDialog2.InitDir = App.Path
    CommonDialog2.ShowOpen
    Open CommonDialog2.FileName For Input As #1
    Input #1, s
    Close #1
    Text1.Text = s
End Sub
Private Sub Command2_Click()
    Dim s As String
    s = Text1.Text
    Text1.Text = ""
    For n = 1 To Len(s)
        ch = Mid(s, n, 1)
        ch = LCase(ch)
       Text1.Text = Text1.Text & ch
    Next
End Sub
Private Sub Command3_Click()
    CommonDialog2.Filter = "文本文件|*.txt|所有文件|*.*"
    CommonDialog2.FilterIndex = 1
    CommonDialog2.FileName = "out5.txt"
    CommonDialog2.InitDir = App.Path
    CommonDialog2.Action = 2
    Open CommonDialog2.FileName For Output As #1
    Print #1, Text1
```

```
    Close #1
End Sub
```

（2）编写程序代码。

```
Private arr(100) As Integer
Private n As Integer
Private Sub Command2_Click()
    Open App.Path & "\out5.txt" For Output As #1
    Print #1, Text1.Text
    Print #1, Text2.Text
    Print #1, Text3.Text
    Print #1, Text4.Text
    Print #1, Text5.Text
    Print #1, Text6.Text
    Close #1
    MsgBox "保存成功！"
End Sub
Private Sub Form_Load()
    Open App.Path & "\in5.txt" For Input As #1
    n = 0
    Do While Not EOF(1)
        Input #1, x
        n = n + 1
        arr(n) = x
    Loop
    Close #1
End Sub
Private Sub Command1_Click()
    For i = 1 To n
        If arr(i) < 60 Then
            Text2 = Val(Text2) + 1
        ElseIf arr(i) >= 60 And arr(i) < 70 Then
            Text3 = Val(Text3) + 1
        ElseIf arr(i) >= 70 And arr(i) < 80 Then
            Text4 = Val(Text4) + 1
        ElseIf arr(i) >= 80 And arr(i) < 90 Then
            Text5 = Val(Text5) + 1
        ElseIf arr(i) >= 90 And arr(i) <= 100 Then
            Text6 = Val(Text6) + 1
        End If
        Text1 = Val(Text1) + 1
    Next
End Sub
```

（3）编写程序代码。

```
Dim s As String
Private Sub Command1_Click()
    Open App.Path & "\in5.dat" For Input As #1
    s = Input(LOF(1), #1)
    Close #1
End Sub
Private Sub Command2_Click()
    Dim a, arrlen As Integer, avglen As Integer, maxLen As Integer
```

```
        If Len(s) > 0 Then
            a = Split(s, " ")
            arrlen = UBound(a) - LBound(a) + 1
            Print Len(a(0))
            For i = 0 To arrlen - 1
                avglen = avglen + Len(a(i))
                If maxLen < Len(a(i)) Then
                    maxLen = Len(a(i))
                End If
            Next i
            Text1.Text = Round(avglen / arrlen, 0)
            Text2.Text = maxLen
        End If
    End Sub
```

(4)编写程序代码。

```
    Dim a(20) As Integer, num As Integer
    Private Sub Command1_Click()
        Dim k As Integer
        Open App.Path & "\in5.dat" For Input As #1
        For k = 1 To 20
            Input #1, a(k)
            Text1 = Text1 + Str(a(k)) + Space(1)
        Next k
        Close #1
    End Sub
    Private Sub Command2_Click()
        Dim b(20) As Integer
        num = 0
        Text2.Text = ""
        If Len(Text1.Text) = 0 Then
            MsgBox "请先执行"读数据"功能！"
        End If
        For k = 1 To 20
            For i = 2 To a(k) - 1
                If a(k) Mod i = 0 Then
                    Exit For
                End If
            Next
            If i = a(k) Then
                b(num) = a(k)
                num = num + 1
            End If
        Next k
        For k = 0 To num - 1
            Text2.Text = Text2.Text + Str(b(k)) + Space(1)
        Next k
    End Sub
```

模块 2　综合设计模块

第 5 单元 软件工程

能力测试题答案

题号	(1)	(2)	(3)	(4)	(5)	(6)	(7)
答案	B	A	C	D	A	B	C

第 6 单元

数据库技术

能力测试题答案

题号	(1)	(2)	(3)	(4)	(5)	(6)	(7)	(8)
答案	C	D	C	A	A	D	C	A

第 7 单元

VB 实用开发案例

员工管理系统是一个典型的数据库应用程序，由登录模块、主界面、设置模块、员工基本信息模块、员工出勤信息模块、员工调动信息模块组成。设置模块主要实现添加用户、修改密码、退出等功能。员工基本信息模块主要实现添加员工信息、修改员工信息、查询员工信息、删除员工信息等功能。员工出勤信息模块主要实现添加出勤信息、修改出勤信息、查询出勤信息、删除出勤信息、设置上下班时间等功能。员工调动信息模块主要实现添加调动信息、修改调动信息、查询调动信息、删除调动信息等功能。

员工管理系统各窗体属性设计及各模块代码如下。

Module1.bas 模块代码如下：

```
Public gUserName As String                          '保存用户名称
Public flag As Integer                              '添加和修改的标志
Public gSQL As String                               '保存 SQL 语句
Public kqsql As String                              '保存查询考勤结果的 SQL 语句
Public kqsql2 As String                             '保存查询其他考勤结果的 SQL 语句
Public ArecordID As Integer                         '保存上下班记录编号
Public LrecordID As Integer                         '保存请假记录编号
Public OrecordID As Integer                         '保存加班记录编号
Public ErecordID As Integer                         '保存旷工记录编号
Public iflag As Integer                             '数据库是否打开标志
Public conn As New ADODB.Connection
Public Function TransactSQL(ByVal sql As String) As ADODB.Recordset
Dim con As ADODB.Connection
Dim rs As ADODB.Recordset
Dim strConnection As String
Dim strArray() As String
Set con = New ADODB.Connection                      '创建连接
Set rs = New ADODB.Recordset                        '创建记录集
On Error GoTo TransactSQL_Error
    strConnection = "Provider=Microsoft.jet.oledb.4.0;Data Source="& App.Path & "\Person.mdb"
    strArray = Split(sql)
    con.Open strConnection                          '打开连接
    If StrComp(UCase$(strArray(0)), "select", vbTextCompare) = 0 Then
        rs.Open Trim$(sql), con, adOpenKeyset, adLockOptimistic
        Set TransactSQL = rs                        '返回记录集
        iflag = 1
    Else
        con.Execute sql                             '执行命令
        iflag = 1
```

```
        End If
    TransactSQL_Exit:
        Set rs = Nothing
        Set con = Nothing
        Exit Function
    TransactSQL_Error:
        MsgBox "查询错误：" & Err.Description
        iflag = 2
        Resume TransactSQL_Exit
    End Function
    Public Sub TabToEnter(Key As Integer)
        If Key = 13 Then                                    '判断是否为回车键
        SendKeys "{TAB}"                                    '转换为 Tab 键
        End If
    End Sub
    Sub main()
        Dim fLogin As New frmLogin
        fLogin.Show vbModual                                '显示窗体
    End Sub
```

frmAdduser 窗体代码如下：

```
    Option Explicit
    Private Sub cmdCancel_Click()
        Unload Me
    End Sub
    Private Sub cmdOK_Click()
        Dim sql As String
        Dim rs As ADODB.Recordset
        If Trim(UserName.Text) = "" Then                    '判断用户名称是否为空
            MsgBox "请输入用户名称!", vbOKOnly + vbExclamation, "警告！"
            Exit Sub
            UserName.SetFocus
        Else
            sql = "select * from UserInfo where UserID='" & UserName & "'"
            Set rs = TransactSQL(sql)
            If rs.EOF = False Then                          '判断是否已经存在用户
                MsgBox "这个用户已经存在！请重新输入用户名称！", vbOKOnly +vbExclamation, "警告！"
                UserName.SetFocus
                UserName.Text = ""
                PassWord.Text = ""
                confirmPWD.Text = ""
                Exit Sub
            Else
                If Trim(PassWord.Text) <> Trim(confirmPWD.Text) Then
                                                            '判断两次密码是否相同
                    MsgBox "两次输入的密码不一致，请重新输入密码！", vbOKOnly +vbExclamation, "警告！"
                    PassWord.Text = ""
                    confirmPWD.Text = ""
                    PassWord.SetFocus
                    Exit Sub
                ElseIf Trim(PassWord.Text) = "" Then        '判断密码是否为空
                    MsgBox "密码不能为空！", vbOKOnly + vbExclamation, "警告！"
                    PassWord.Text = ""
```

```
                confirmPWD = ""
                PassWord.SetFocus
            Else                                            '添加用户
                sql = "insert into UserInfo (UserID,UserPWD) values ('" & UserName
                sql = sql & "','" & PassWord & "') "
                TransactSQL (sql)
                MsgBox "添加成功！ ", vbOKOnly + vbExclamation, "添加结果"
                                                            '重新设置初始化为空
                UserName.Text = ""
                PassWord.Text = ""
                confirmPWD.Text = ""
                UserName.SetFocus
            End If
        End If
    End If
End Sub
Private Sub Form_Load()
    UserName.Text = ""
    PassWord.Text = ""
    confirmPWD.Text = ""
End Sub
```

frmAlteration 窗体代码如下：

```
Option Explicit
Public str1 As String                                   '保存修改时的 SQL 语句
Public ID As Integer                                    '保存记录编号
Private baddflag As Boolean
Private Sub AID_KeyDown(KeyCode As Integer, Shift As Integer)
    TabToEnter KeyCode
End Sub
Private Sub AID_LostFocus()
    Dim sql As String
    Dim rs As New ADODB.Recordset
    sql = "select SName,SDept,SPosition from StuffInfo where SID='" & Me.AID.Text & "'"
    Set rs = TransactSQL(sql)
    If rs.EOF = False Then
        Me.AName = rs(0)                                '初始化员工姓名
        Me.AOldDept = rs(1)
        Me.AOldPosition = rs(2)
    Else
        MsgBox "员工编号输入错误或者没有这个员工！ ", vbOKOnly + vbExclamation, "警告！ "
        Me.AID = ""
        Me.AID.SetFocus
        Me.AID.ListIndex = 0
    End If
    rs.Close
End Sub
Private Sub cmdCancel_Click()
    Unload Me
    Exit Sub
End Sub
Private Sub checkinput()
    If Me.ANewPosition = "" Then
```

```
            MsgBox "请输入新的职务！", vbOKOnly + vbExclamation, "警告！"
            Me.ANewPosition.SetFocus
        ElseIf Me.AOutTime = "" Or IsDate(Me.AOutTime) = False Then
            MsgBox "请输入正确的调出时间！", vbOKOnly + vbExclamation, "警告！"
            Me.AOutTime = ""
            Me.AOutTime.SetFocus
        ElseIf Me.AInTime = "" Or IsDate(Me.AInTime) = False Then
            MsgBox "请输入正确的调入时间！", vbOKOnly + vbExclamation, "警告！"
            Me.AInTime = ""
            Me.AInTime.SetFocus
        Else
            baddflag = True
    End If
End Sub
Private Sub cmdOK_Click()
    Dim sql As String
    Dim rs As New ADODB.Recordset
    baddflag = False
    Call checkinput
    If baddflag = True Then
    If flag = 1 Then                                        '添加记录
        'Call checkinput
        sql = "select * from AlterationInfo"
        Set rs = TransactSQL(sql)
        rs.AddNew
        rs.Fields(1) = Me.AID
        rs.Fields(2) = Me.AName
        rs.Fields(3) = Me.AOldDept
        rs.Fields(4) = Me.ANewDept
        rs.Fields(5) = Me.AOldPosition
        rs.Fields(6) = Me.ANewPosition
        rs.Fields(7) = Me.AOutTime
        rs.Fields(8) = Me.AInTime
        rs.Fields(9) = Me.ARemark
        rs.Update
        rs.Close
        sql = "update StuffInfo set SDept='" & Me.ANewDept & "', SPosition='"
        sql = sql & Me.ANewPosition & "' where SID='" & Me.AID & "'"
        TransactSQL (sql)
        MsgBox "已经添加调动信息！", vbOKOnly + vbExclamation, "添加结果！"
        sql = "select * from AlterationInfo order by ID"
        frmAlterationResult.Adodc1.ConnectionString = "Provider=Microsoft.Jet.OLEDB.4.0;
                Data Source=" + App.Path + "\Person.mdb"
        frmAlterationResult.Adodc1.RecordSource = sql
        If sql <> "" Then
            frmAlterationResult.Adodc1.Refresh
        End If
        Set frmAlterationResult.DataGrid1.DataSource = frmAlterationResult.Adodc1.Recordset
        frmAlterationResult.DataGrid1.Refresh
        frmAlterationResult.Show
        frmAlterationResult.ZOrder 0
        Call init
        Me.ZOrder 0
    Else                                                    '修改记录
```

```
            'Call checkinput
            sql = "update StuffInfo set SDept='" & Me.ANewDept & "', SPosition='"
            sql = sql & Me.ANewPosition & "' where SID='" & Me.AID & "'"
            TransactSQL (sql)
            sql = "update AlterationInfo set AOldDept='" & Me.AoldDept& "',ANewDept='"
            sql = sql & Me.ANewDept & "',AOldPosition='" & Me.AoldPosition& "',ARemark=
                    '" & Me.ARemark
            sql = sql & "',ANewPosition='" & Me.ANewPosition & "',AOutTime=#"& Me.AOutTime
            sql = sql & "#,AInTime=#" & Me.AInTime & "# where ID=" & ID
            TransactSQL (sql)
            MsgBox "已经修改信息！", vbOKOnly + vbExclamation, "修改结果！"
            Unload Me
            sql = "select * from AlterationInfo order by ID"
            With frmAlterationResult.Adodc1                    '重新设置记录集
                .RecordSource = sql
                .Refresh
            End With
            With frmAlterationResult.DataGrid1                 '重新绑定记录集
                .ReBind
            End With
            frmAlterationResult.Show
            frmAlterationResult.ZOrder 0
            Unload frmAlterationResult
        frmAlterationResult.Show
        End If
        End If
End Sub
Private Sub Form_Load()
        Dim sql As String
        Dim rs As New ADODB.Recordset
        Dim firstname As String
        If flag = 1 Then
            sql = "select SID,SName,SDept,SPosition from StuffInfo order by SID"
            Set rs = TransactSQL(sql)
            If rs.EOF = False Then
                rs.MoveFirst
                Me.AName = rs(1)
                Me.AOldDept = rs(2)
                Me.AOldPosition = rs(3)
                While Not rs.EOF
                    Me.AID.AddItem rs(0)
                    rs.MoveNext
                Wend
                rs.Close
                Me.AID.ListIndex = 0
            End If
            sql = "select distinct SDept from StuffInfo"
            Set rs = TransactSQL(sql)
            If rs.EOF = False Then
                rs.MoveFirst
                While Not rs.EOF
                    Me.ANewDept.AddItem rs(0)
                    rs.MoveNext
                Wend
```

```
                rs.Close
                Me.ANewDept.ListIndex = 0
            End If
            Me.AOutTime = Date
            Me.AInTime = Date
        End If
    End Sub
    Private Sub init()
        Dim sql As String
        Dim rs As New ADODB.Recordset
        Dim firstname As String
        sql = "select SID,SName,SDept,SPosition from StuffInfo order by SID"
        Set rs = TransactSQL(sql)
        If rs.EOF = False Then
            rs.MoveFirst
            Me.AName = rs(1)
            Me.AOldDept = rs(2)
            Me.AOldPosition = rs(3)
            While Not rs.EOF
                Me.AID.AddItem rs(0)
                rs.MoveNext
            Wend
            rs.Close
            Me.AID.ListIndex = 0
        End If
        sql = "select distinct SDept from StuffInfo"
        Set rs = TransactSQL(sql)
        If rs.EOF = False Then
            rs.MoveFirst
            While Not rs.EOF
                Me.ANewDept.AddItem rs(0)
                rs.MoveNext
            Wend
            rs.Close
            Me.ANewDept.ListIndex = 0
        End If
        Me.AOutTime = Date
        Me.AInTime = Date
        Me.ANewPosition = ""
    End Sub
```

frmAlterationResult 窗体代码如下：

```
Option Explicit
Private Sub DataGrid1_MouseDown(Button As Integer, Shift As Integer, X As Single, Y As Single)
    If Button = 2 And Shift = 0 Then
        PopupMenu popmenu.popmenu3
    End If
End Sub
Private Sub Form_Load()
    Dim strQuery As String
    strQuery = "select * from AlterationInfo order by ID"
    Adodc1.ConnectionString = "Provider=Microsoft.Jet.OLEDB.4.0;DataSource="+App.Path+"\Person.mdb"
    Me.Adodc1.RecordSource = strQuery
    If strQuery <> "" Then
```

```
            Me.Adodc1.Refresh
        End If
        Set Me.DataGrid1.DataSource = Me.Adodc1.Recordset
        Me.DataGrid1.Refresh
    End Sub
```

frmAResult 窗体代码如下：

```
    Option Explicit
    Public Sub ListTopic()
        Dim i As Integer
        With recordlist                                          '设置表头
            .TextMatrix(0, 0) = "记录编号"
            .TextMatrix(0, 1) = "员工编号"
            .TextMatrix(0, 2) = "员工姓名"
            .TextMatrix(0, 3) = "出勤日期"
            .TextMatrix(0, 4) = "进出标志"
            .TextMatrix(0, 5) = "上班时间"
            .TextMatrix(0, 6) = "下班时间"
            .TextMatrix(0, 7) = "迟到次数"
            .TextMatrix(0, 8) = "早退次数"
            For i = 0 To 8                                      '设置所有表格对齐方式
                .ColAlignment(i) = 4
            Next i
            For i = 0 To 8                                      '设置每列宽度
                .ColWidth(i) = 1500
            Next i
        End With
    End Sub
    Public Sub ShowData(query As String)
        Dim rsAttendance As New ADODB.Recordset
        Set rsAttendance = TransactSQL(query)
        If rsAttendance.EOF = False Then
        With recordlist
            .Rows = 1
            While Not rsAttendance.EOF
                .Rows = .Rows + 1
                .TextMatrix(.Rows - 1, 0) = rsAttendance(0)
                .TextMatrix(.Rows - 1, 1) = rsAttendance(1)
                .TextMatrix(.Rows - 1, 2) = rsAttendance(2)
                .TextMatrix(.Rows - 1, 3) = rsAttendance(3)
                .TextMatrix(.Rows - 1, 4) = rsAttendance(4)
                If IsNull(rsAttendance(5)) Then
                .TextMatrix(.Rows - 1, 5) = ""
                Else
                .TextMatrix(.Rows - 1, 5) = rsAttendance(5)
                End If
                If IsNull(rsAttendance(6)) Then
                .TextMatrix(.Rows - 1, 6) = ""
                Else
                .TextMatrix(.Rows - 1, 6) = rsAttendance(6)
                End If
                .TextMatrix(.Rows - 1, 7) = rsAttendance(7)
                .TextMatrix(.Rows - 1, 8) = rsAttendance(8)
```

```
                rsAttendance.MoveNext
            Wend
            rsAttendance.Close
        End With
        End If
End Sub
Private Sub Form_Load()
        Dim sql As String
        sql = "select * from AttendanceInfo order by ID desc"
        Call ListTopic
        Call ShowData(sql)
End Sub
Private Sub recordlist_DblClick()
        flag = 2
        If frmAResult.recordlist.Rows > 1 Then
            kqsql = "select * from AttendanceInfo where ID=" & Trim( _
            frmAResult.recordlist.TextMatrix(frmAResult.recordlist.Row, 0))
            FrmAttendance.Show
            FrmAttendance.ZOrder 0
            ArecordID = Trim(frmAResult.recordlist.TextMatrix(frmAResult.recordlist.Row, 0))
        Else
            MsgBox "没有出勤信息！", vbOKOnly + vbExclamation, "警告！"
            flag = 1
            FrmAttendance.Show
        End If
End Sub
Private Sub recordlist_MouseUp(Button As Integer, Shift As Integer,X As Single, Y As Single)
        If Button = 2 And Shift = 0 Then
            PopupMenu popmenu.popmenu1
        End If
End Sub
```

frmAttendance 窗体代码如下：

```
Option Explicit
Private ilate As Integer                                    '迟到次数
Private iearly As Integer                                   '早退次数
Private aflag As String                                     '出入标志
Private addflag As Boolean                                  '添加标志
Private firstID As String                                   '第一个员工编号
Private Sub ASID_KeyDown(KeyCode As Integer, Shift As Integer)
        TabToEnter KeyCode
End Sub
Private Sub ASID_LostFocus()
        Dim sql As String
        Dim rs As New ADODB.Recordset
        sql = "select SName from StuffInfo where SID='" & Me.ASID.Text & "'"
        Set rs = TransactSQL(sql)
        If rs.EOF = False Then
            Me.ASName = rs(0)                               '初始化员工姓名
        Else
            MsgBox "员工编号输入错误或者没有这个员工！", vbOKOnly + vbExclamation, "警告！"
            Me.ASID = ""
            Me.ASID.SetFocus
```

```
            Me.ASID.ListIndex = 0
        End If
        rs.Close
End Sub
Private Sub cmdCancel_Click()
        Unload Me
        Exit Sub
End Sub
Private Sub CheckRecord()                                          '判断是否存在记录
        Dim sql As String
        Dim rs As New ADODB.Recordset
        sql = "select * from AttendanceInfo where AStuffID='" & Me.ASID.Text & "'"
        sql = sql & " and AFlag='" & aflag & "' and ADate=#" & Me.NowDate & "#"
            Set rs = TransactSQL(sql)
            If rs.EOF = False Then
                MsgBox "已经存在这条记录！", vbOKOnly + vbExclamation, "警告！"
                addflag = True
            Else
                addflag = False
            End If
            rs.Close
End Sub
Private Sub in_add()                                               '添加上班记录
        Dim sql As String
        Dim rs As New ADODB.Recordset
        sql = "select * from AttendanceInfo"
        Set rs = TransactSQL(sql)
        rs.AddNew
        rs.Fields(1) = Me.ASID
        rs.Fields(2) = Me.ASName
        rs.Fields(3) = Me.NowDate
        rs.Fields(4) = aflag
        rs.Fields(5) = Me.InTime
        rs.Fields(7) = ilate
        rs.Update
        rs.Close
End Sub
Private Sub out_add()                                              '添加下班记录
        Dim sql As String
        Dim rs As New ADODB.Recordset
        sql = "select * from AttendanceInfo"
        Set rs = TransactSQL(sql)
        rs.AddNew
        rs.Fields(1) = Me.ASID
        rs.Fields(2) = Me.ASName
        rs.Fields(3) = Me.NowDate
        rs.Fields(4) = aflag
        rs.Fields(6) = Me.OutTime
        rs.Fields(8) = iearly
        rs.Update
        rs.Close
End Sub
Private Sub cmdOK_Click()
        Dim sql As String
```

```
Dim sql2 As String
Dim rs As New ADODB.Recordset
Dim rsTime As New ADODB.Recordset
sql2 = "select * from AttendanceInfo order by ID desc"
sql = "select * from TimeSetting"
Set rsTime = TransactSQL (sql)
If flag = 1 Then
ilate = 0
iearly = 0
If Me.InFlag = False And Me.OutFlag = False Then
    MsgBox "请选择上下班！", vbOKOnly + vbExclamation, "警告！"
Else
If Me.InFlag = True Then                          '添加上班记录
    aflag = "入"
    If Me.InTime = "" Or IsDate (Me.InTime) = False Then
        MsgBox "请输入正确的时间！", vbOKOnly + vbExclamation, "警告！"
        Me.InTime = ""
        Me.InTime.SetFocus
    Else
        If DateDiff ("s", Me.InTime, rsTime (0) ) < 0 Then
            ilate = 1
        End If
        Call CheckRecord
        If addflag = False Then
            Call in_add
            MsgBox "已经添加上班记录！", vbOKOnly + vbExclamation, "添加结果！"
            Call init
            Me.InFlag = False
        Else
            Call init
            Me.InFlag = False
        End If
    End If
End If
If Me.OutFlag = True Then                         '添加下班记录
    aflag = "出"
    If Me.OutTime = "" Or IsDate (Me.OutTime) = False Then
        MsgBox "请输入正确的时间！", vbOKOnly + vbExclamation, "警告！"
        Me.OutTime = ""
        Me.OutTime.SetFocus
    Else
        If DateDiff ("s", Me.OutTime, rsTime (1) ) > 0 Then
            iearly = 1
        End If
        Call CheckRecord
        If addflag = False Then
            Call out_add
            MsgBox "已经添加下班记录！", vbOKOnly + vbExclamation, "添加结果！"
            Call init
            Me.OutFlag = False
        Else
            Call init
            Me.OutFlag = False
        End If
```

```
                End If
            End If
            End If
                Call frmAResult.ListTopic
                Call frmAResult.ShowData(sql2)
                frmAResult.Show
                frmAResult.ZOrder 0
                Me.ZOrder 0
            Else                                                '修改记录
                If MsgBox("确定修改编号为" & Me.ASID & "的员工信息?",
                            vbOKCancel, "提示！ ")_= vbOK Then
                    If Me.InFlag = True Then
                        If DateDiff("s", Me.InTime, rsTime(0))< 0 Then
                            ilate = 1
                        End If
                        sql = "update AttendanceInfo set AInTime=#" & Me.InTime & "#,"
                        sql = sql & "ALate=" & ilate & " where ID=" & ArecordID
                        TransactSQL (sql)                       '修改上班记录
                        Call frmAResult.ListTopic
                        Call frmAResult.ShowData(sql2)
                        frmAResult.Show
                        MsgBox "信息已经修改！ ", vbOKOnly + vbExclamation, "修改结果！ "
                        Unload Me
                    ElseIf Me.OutFlag = True Then
                        If DateDiff("s", Me.OutTime, rsTime(1))> 0 Then
                            iearly = 1
                        End If
                        sql = "update AttendanceInfo set AOutTime=#" & Me.OutTime & "#,"
                        sql = sql & "AEarly=" & iearly & " where ID=" & ArecordID
                        TransactSQL (sql)                       '修改下班记录
                        Call frmAResult.ListTopic
                        Call frmAResult.ShowData(sql2)
                        frmAResult.Show
                        MsgBox "信息已经修改！ ", vbOKOnly + vbExclamation, "修改结果！ "
                        Unload Me
                    End If
                Else
                Unload Me
                End If
            End If
            rsTime.Close
        End Sub
        Private Sub Form_Load()
            Dim sql As String
            Dim rs As New ADODB.Recordset
            If flag = 1 Then
            sql = "select SID from StuffInfo order by SID"
            Set rs = TransactSQL(sql)
            If rs.EOF = False Then
                rs.MoveFirst
                firstID = rs(0)
            While Not rs.EOF
                Me.ASID.AddItem rs(0)                           '初始化员工编号
                rs.MoveNext
```

```
        Wend
            rs.Close
        Else
            MsgBox "目前没有员工！", vbOKOnly + vbExclamation, "警告！"
        End If
        Me.NowDate = Date
        Me.ASID.ListIndex = 0
        sql = "select SName from StuffInfo where SID='" & firstID & "'"
        Set rs = TransactSQL(sql)
        Me.ASName = rs(0)                              '初始化员工姓名
        rs.Close
        Me.OutTime = ""
        Me.InTime = ""
        ElseIf flag = 2 Then
                    Set rs = TransactSQL(kqsql)
            'If rs.EOF = False And rs.BOF Then
            If rs.EOF = False Then
            rs.MoveFirst
            firstID = rs(0)
            With rs
                Me.ASID = rs(1)
                Me.ASName = rs(2)
                Me.NowDate = rs(3)
                If IsNull(rs(5)) = True Then
                Me.InTime = ""
                Me.OutFlag = True
                Else
                Me.InTime = rs(5)
                End If
                If IsNull(rs(6)) = True Then
                Me.OutTime = ""
                Me.InFlag = True
                Else
                Me.OutTime = rs(6)
                End If
            End With
            rs.Close
            End If
        End If
    End Sub
    Private Sub init()                                 '初始化
        Dim sql As String
        Dim rs As New ADODB.Recordset
        sql = "select SName from StuffInfo where SID='" & firstID & "'"
        Set rs = TransactSQL(sql)
        Me.ASID.ListIndex = 0
        Me.ASName = rs(0)
        Me.InTime = ""
        Me.OutTime = ""
    End Sub
```

frmChangePWD 窗体代码如下：

```
    Option Explicit
```

```
Private Sub cmdCancel_Click()
    Unload Me
End Sub
Private Sub cmdOK_Click()
Dim sql As String
    Dim rs As ADODB.Recordset
    'If Trim(OldPWD.Text)= UserPWD Then                  '判断是否输入旧密码
    'MsgBox "请输入旧密码！", vbOKOnly + vbExclamation, "警告！"
        'OldPWD.SetFocus
        'Exit Sub
    'Else
        If Trim(NewPWD.Text)= "" Then                   '判断是否输入新密码
            MsgBox "请输入新密码！", vbOKOnly + vbExclamation, "警告！"
            NewPWD.SetFocus
            Exit Sub
        ElseIf Trim(NewPWD.Text)<> Trim(ConfirmPWD.Text) Then
                                                        '判断两次密码是否相同
            MsgBox "两次密码不同！", vbOKOnly + vbExclamation, "警告！"
            NewPWD.Text = ""
            ConfirmPWD.Text = ""
            NewPWD.SetFocus
        Else
            'If Trim(OldPWD.Text)= UserPWD Then          '修改密码
            sql = "update UserInfo set UserPWD = '" & NewPWD & "'where UserID='"
            sql = sql & gUserName & "'"
            TransactSQL (sql)
            MsgBox "密码已经修改！", vbOKOnly + vbExclamation, "修改结果"
            Unload Me
                End If
End Sub
Private Sub Form_Load()
    'OldPWD.Text = ""
    NewPWD.Text = ""
    ConfirmPWD.Text = ""
End Sub
```

frmCheck 窗体代码如下：

```
Option Explicit
Private query As String
Private fromdate As String
Private todate As String
Private Sub cmdCancel_Click()
    Unload Me
    Exit Sub
End Sub
Private Sub CombineDate()
    fromdate = Me.FromYear.Text & "-" & Me.FromMonth.Text & "-1"
    fromdate = Format(Me.FromYear.Text & "-" & Me.FromMonth.Text & "-1", "yyyy-mm-dd")
    todate = Me.ToYear.Text & "-" & Me.ToMonth.Text & "-1"
    todate = Format(todate, "yyyy-mm-dd")
End Sub
Private Sub setSQL()
    If IDCheck.Value = vbChecked Then
```

```
            query = "select * from StuffInfo where SID='" & Trim(Me.SID) & "'"
        End If
        If NameCheck.Value = vbChecked Then
            query = "select * from StuffInfo where SName='" & Trim(Me.SName) & "'"
        End If
        If TimeCheck.Value = vbChecked Then
            query = "select * from StuffInfo where SInTime between #"
            query = query & fromdate & "# and   #" & todate & "#"
        End If
    End Sub
    Private Sub cmdOK_Click()
        Call CombineDate
        Call setSQL
        frmResult.createList (query)
        frmResult.Show
        Unload Me
    End Sub
    Private Sub Form_Load()
        Dim i As Integer
        Dim sql As String
        Dim rs As New ADODB.Recordset
        sql = "select distinct datepart(yy,SInTime) from StuffInfo"
        Set rs = TransactSQL(sql)
        If Not rs.EOF Then
            rs.MoveFirst
            While Not rs.EOF
                If Not IsNull(rs.Fields(0)) Then
                    Me.FromYear.AddItem rs(0)
                    Me.ToYear.AddItem rs(0)
                End If
                rs.MoveNext
            Wend
            rs.Close
            Me.FromYear.ListIndex = 0
            Me.ToYear.ListIndex = 0
        End If
        For i = 1 To 12
            Me.FromMonth.AddItem i
            Me.ToMonth.AddItem i
        Next i
            Me.FromMonth.ListIndex = 0
            Me.ToMonth.ListIndex = 0
    End Sub
```

frmCheckAlter 窗体代码如下：

```
    Option Explicit
    Private strQuery As String
    Private fromtime As String                                    '开始时间
    Private totime As String                                      '结束时间
    Private Sub cmdCancel_Click()
        Unload Me
        Exit Sub
    End Sub
```

```
Private Sub setstrQuery()
    fromtime = Me.fromYear & "-" & Me.FromMonth & "-1"
    totime = Me.toYear & "-" & Me.toMonth & "-1"
    If Me.IDchecked.Value = vbChecked And Me.Timechecked.Value = vbChecked Then
        strQuery = "select * from AlterationInfo where AID='" & Me.StuffID
        strQuery = strQuery & "' and AOutTime between #" & fromtime & "# and #"
        strQuery = strQuery & totime & "#"
        'MsgBox strQuery
    ElseIf Me.IDchecked.Value = vbChecked Then
        strQuery = "select * from AlterationInfo where AID='" & Me.StuffID & "' order by ID"
    ElseIf Me.Timechecked.Value = vbChecked Then
        strQuery = "select * from AlterationInfo where AOutTime between #" & fromtime
        strQuery = strQuery & "# and #" & totime & "# order by ID"
    Else
        strQuery = "select * from AlterationInfo order by ID"
    End If
End Sub
Private Sub cmdOK_Click()
    If Trim(Me.StuffID) = "" And Timechecked.Value <> vbChecked Then
        MsgBox "请选择查询的条件！", vbOKOnly + vbExclamation, "警告！"
    Else
    Call setstrQuery
    frmAlterationResult.Adodc1.ConnectionString = "Provider=
                Microsoft.Jet.OLEDB.4.0;Data Source=" + App.Path + "\Person.mdb"
    frmAlterationResult.Adodc1.RecordSource = strQuery
    If strQuery <> "" Then
        frmAlterationResult.Adodc1.Refresh
    End If
    Set frmAlterationResult.DataGrid1.DataSource = frmAlterationResult.Adodc1.Recordset
    frmAlterationResult.DataGrid1.Refresh
    frmAlterationResult.Show
    frmAlterationResult.ZOrder 0
    Unload Me
    End If
End Sub
Private Sub Form_Load()
 Dim i As Integer
    Dim sql As String
    Dim rs As New ADODB.Recordset
    sql = "select distinct AID from AlterationInfo order by AID"
    Set rs = TransactSQL(sql)
    If rs.EOF = False Then
        rs.MoveFirst
        While Not rs.EOF
            Me.StuffID.AddItem rs(0)
            rs.MoveNext
        Wend
        Me.StuffID.ListIndex = 0
    End If
    rs.Close
    sql = "select distinct AOutTime from AlterationInfo"
    Set rs = TransactSQL(sql)
    If Not rs.EOF Then
        rs.MoveFirst
```

```
        While Not rs.EOF
            If Not IsNull(rs.Fields(0)) Then                    '设置年
                Me.fromYear.AddItem Left(rs(0), 4)
                Me.toYear.AddItem Left(rs(0), 4)
            End If
            rs.MoveNext
        Wend
        rs.Close
        Me.fromYear.ListIndex = 0
        Me.toYear.ListIndex = 0
    End If
    For i = 1 To 12                                          '设置月
        Me.FromMonth.AddItem i
        Me.toMonth.AddItem i
    Next i
        Me.FromMonth.ListIndex = 0
        Me.toMonth.ListIndex = 0
End Sub
```

frmCheckKQ 窗体代码如下：

```
Option Explicit
Private querystring As String                        '保存查询出勤的 SQL 语句
Private queryleave As String                         '保存查询请假的 SQL 语句
Private queryovertime As String
Private queryerrand As String
Private fromtime As String
Private totime As String
Private Sub cmdCancel_Click()
    Unload Me
    Exit Sub
End Sub
Private Sub setQuerystring()
    'Dim fromtime As String
    'Dim totime As String
    fromtime = Me.fromYear & "-" & Me.FromMonth & "-1"
    totime = Me.toYear & "-" & Me.toMonth & "-1"
        'MsgBox fromtime
    'MsgBox totime
        If Me.IDchecked.Value = vbChecked And Me.Timechecked.Value = vbChecked Then
        querystring = "select * from AttendanceInfo where AStuffID='" & Me.StuffID & "'"
        querystring = querystring & " and ADate between #" & fromtime & "# and #"& totime & "#"
        querystring = querystring & " order by ID"
        queryleave = "select * from LeaveInfo where LStuffID='" & Me.StuffID & "'"
        queryleave = queryleave & " and LFromDay between #" & fromtime & "# and #"& totime & "#"
        queryleave = queryleave & " order by LID"
                queryovertime = "select * from OvertimeInfo where OStuffID='"& Me.StuffID & "'"
        queryovertime = queryovertime & " and OFromDay between #" & fromtime & "# and #"
                    & totime & "#"
        queryovertime = queryovertime & " order by OID"
                queryerrand = "select * from ErrandInfo where EStuffID='"& Me.StuffID & "'"
        queryerrand = queryerrand & " and EFromday between #" & fromtime & "# and #" &
                    totime & "#"
        queryerrand = queryerrand & " order by EID"
```

```
            ElseIf Me.Timechecked.Value = vbChecked Then
        querystring = "select * from AttendanceInfo where ADate between #" & fromtime
        querystring = querystring & "# and #" & totime & "# order by AStuffID"
        queryleave = "select * from LeaveInfo where LFromDay between #" & fromtime
        queryleave = queryleave & "# and #" & totime & "# order by LStuffID"
        queryovertime = "select * from OvertimeInfo where OFromDay between #" & fromtime
        queryovertime = queryovertime & "# and #" & totime & "# order by OStuffID"
        queryerrand = "select * from ErrandInfo where EFromday between #" & fromtime
        queryerrand = queryerrand & "# and #" & totime & "# order by EStuffID"
    ElseIf Me.IDchecked.Value = vbChecked Then
        querystring = "select * from AttendanceInfo where AStuffID='" & Me.StuffID & "'"
        querystring = querystring & " order by ID"
        queryleave = "select * from LeaveInfo where LStuffID='" & Me.StuffID & "'"
        queryleave = queryleave & " order by LID"
        queryovertime = "select * from OvertimeInfo where OStuffID='" & Me.StuffID & "'"
        queryovertime = queryovertime & " order by OID"
        queryerrand = "select * from ErrandInfo where EStuffID='" & Me.StuffID & "'"
        queryerrand = queryerrand & " order by EID"
    Else
        querystring = "select * from AttendanceInfo order by ID"
        queryleave = "select * from LeaveInfo order by LID"
        queryovertime = "select * from OvertimeInfo order by OID"
        queryerrand = "select * from ErrandInfo order by EID"
    End If
End Sub
Private Sub CombineDate()
    fromtime = Me.fromYear.Text & "-" & Me.FromMonth.Text & "-1"
    fromtime = Format(Me.fromYear.Text & "-" & Me.FromMonth.Text & "-1", "yyyy-mm-dd")
    totime = Me.toYear.Text & "-" & Me.toMonth.Text & "-1"
    totime = Format(totime, "yyyy-mm-dd")
End Sub
Private Sub cmdOK_Click()
    If Trim(Me.StuffID) = "" And Timechecked.Value <> vbChecked Then
        MsgBox "请选择查询的条件！", vbOKOnly + vbExclamation, "警告！"
    Else
        Call CombineDate
        Call setQuerystring
        Call frmkqcheckresult.ATopic
        Call frmkqcheckresult.ShowAResult(querystring)
        Call frmkqcheckresult.LTopic
        Call frmkqcheckresult.ShowLResult(queryleave)
        Call frmkqcheckresult.OTopic
        Call frmkqcheckresult.ShowOResult(queryovertime)
        Call frmkqcheckresult.ETopic
        Call frmkqcheckresult.ShowEReslut(queryerrand)
        frmkqcheckresult.Show
        frmkqcheckresult.ZOrder 0
        Unload Me
    End If
End Sub
Private Sub Form_Load()
    Dim i As Integer
    Dim sql As String
    Dim rs As New ADODB.Recordset
```

```
        sql = "select distinct ADate from AttendanceInfo"
        Set rs = TransactSQL (sql)
        If Not rs.EOF Then
            rs.MoveFirst
            While Not rs.EOF
                If Not IsNull (rs.Fields (0) ) Then                   '设置年
                    Me.fromYear.AddItem Left (rs (0) , 4)
                    Me.toYear.AddItem Left (rs (0) , 4)
                End If
                rs.MoveNext
            Wend
            rs.Close
            Me.fromYear.ListIndex = 0
            Me.toYear.ListIndex = 0
        End If
        For i = 1 To 12                                               '设置月
            Me.FromMonth.AddItem i
            Me.toMonth.AddItem i
        Next i
            Me.FromMonth.ListIndex = 0
            Me.toMonth.ListIndex = 0
    End Sub
```

frmCheckStuff 窗体代码如下：

```
    Option Explicit
    Private query As String                                       '保存 SQL 语句
    Private fromdate As String                                    '起始时间
    Private todate As String                                      '结束时间
    Private Sub cmdCancel_Click ()
        Unload Me
        Exit Sub
    End Sub
    Private Sub CombineDate ()                                    '获得起始和结束时间
        fromdate = Me.FromYear.Text & "–" & Me.FromMonth.Text & "–1"
        fromdate = Format (Me.FromYear.Text & "–" & Me.FromMonth.Text & "–1", "yyyy-mm-dd")
        todate = Me.ToYear.Text & "–" & Me.ToMonth.Text & "–1"
        todate = Format (todate, "yyyy-mm-dd")
    End Sub
    Private Sub setSQL ()                                         '设置 SQL 语句
        If IDCheck.Value = vbChecked Then
            query = "select * from StuffInfo where SID='" & Trim (Me.SID) & "'"
        End If
        If NameCheck.Value = vbChecked Then
            query = "select * from StuffInfo where SName='" & Trim (Me.SName) & "'"
        End If
        If TimeCheck.Value = vbChecked Then
            query = "select * from StuffInfo where SInTime between #"
            query = query & fromdate & "# and    #" & todate & "#"
        End If
        If IDCheck.Value = vbChecked And NameCheck.Value = vbChecked Then
            query = "select * from StuffInfo where SID=' " & Trim (Me.SID)
            query = query & "' and SName='" & Trim (Me.SName) & "'"
        End If
```

```
        If NameCheck.Value = vbChecked And TimeCheck.Value = vbChecked Then
            query = "select * from StuffInfo where SName='" & Trim(Me.SName)
            query = query & "' and SInTime between #" & fromdate
            query = query & "# and #" & todate & "#"
        End If
    End Sub
    Private Sub cmdOK_Click()
        If Trim(Me.SID) = "" And Trim(Me.SName) = "" And TimeCheck.Value <> vbChecked Then
            MsgBox "请选择查询的条件！ ", vbOKOnly + vbExclamation, "警告！ "
        Else
        Call CombineDate
        Call setSQL
        frmResult.createList (query)
        frmResult.Show
        Unload Me
        End If
    End Sub
    Private Sub Form_Load()
        Dim i As Integer
        Dim sql As String
        Dim rs As New ADODB.Recordset
        sql = "select distinct SInTime from StuffInfo"
        Set rs = TransactSQL(sql)
        If Not rs.EOF Then
            rs.MoveFirst
            While Not rs.EOF
                If Not IsNull(rs.Fields(0)) Then                    '设置年
                    Me.FromYear.AddItem Left(rs(0), 4)
                    Me.ToYear.AddItem Left(rs(0), 4)
                End If
                rs.MoveNext
            Wend
            rs.Close
            Me.FromYear.ListIndex = 0
            Me.ToYear.ListIndex = 0
        End If
        For i = 1 To 12                                          '设置月
            Me.FromMonth.AddItem i
            Me.ToMonth.AddItem i
        Next i
            Me.FromMonth.ListIndex = 0
            Me.ToMonth.ListIndex = 0
    End Sub
```

Frmkqcheckresult 窗体代码如下：

```
    Option Explicit
    Public Sub Form_Load()
    End Sub
    Public Sub ATopic()
        Dim i As Integer
        With Arecordlist                                         '设置表头
            .TextMatrix(0, 0) = "记录编号"
            .TextMatrix(0, 1) = "员工编号"
```

```
            .TextMatrix(0, 2) = "员工姓名"
            .TextMatrix(0, 3) = "出勤日期"
            .TextMatrix(0, 4) = "进出标志"
            .TextMatrix(0, 5) = "上班时间"
            .TextMatrix(0, 6) = "下班时间"
            .TextMatrix(0, 7) = "迟到次数"
            .TextMatrix(0, 8) = "早退次数"
            For i = 0 To 8                                   '设置所有表格对齐方式
                .ColAlignment(i) = 4
            Next i
            For i = 0 To 8                                   '设置每列宽度
                .ColWidth(i) = 1500
            Next i
        End With
    End Sub
    Public Sub ShowAResult(query As String)
        Dim rsAttendance As New ADODB.Recordset
        Set rsAttendance = TransactSQL(query)
        If rsAttendance.EOF = False Then
        With Arecordlist
            .Rows = 1
            While Not rsAttendance.EOF
                .Rows = .Rows + 1
                .TextMatrix(.Rows - 1, 0) = rsAttendance(0)
                .TextMatrix(.Rows - 1, 1) = rsAttendance(1)
                .TextMatrix(.Rows - 1, 2) = rsAttendance(2)
                .TextMatrix(.Rows - 1, 3) = rsAttendance(3)
                .TextMatrix(.Rows - 1, 4) = rsAttendance(4)
                If IsNull(rsAttendance(5)) = True Then
                .TextMatrix(.Rows - 1, 5) = ""
                Else
                .TextMatrix(.Rows - 1, 5) = rsAttendance(5)
                End If
                If IsNull(rsAttendance(6)) = True Then
                .TextMatrix(.Rows - 1, 6) = ""
                Else
                .TextMatrix(.Rows - 1, 6) = rsAttendance(6)
                End If
                .TextMatrix(.Rows - 1, 7) = rsAttendance(7)
                .TextMatrix(.Rows - 1, 8) = rsAttendance(8)
                rsAttendance.MoveNext
            Wend
        End With
        rsAttendance.Close
        End If
    End Sub
    Public Sub LTopic()
        Dim i As Integer
        With Lrecordlist                                     '设置请假信息列表表头
            .TextMatrix(0, 0) = "记录编号"
            .TextMatrix(0, 1) = "员工编号"
            .TextMatrix(0, 2) = "病假天数"
            .TextMatrix(0, 3) = "事假天数"
            .TextMatrix(0, 4) = "开始时间"
```

```
            For i = 0 To 4                                      '设置对齐方式
                .ColAlignment(i) = 4
            Next i
            For i = 0 To 4                                      '设置列宽
                .ColWidth(i) = 1500
            Next i
        End With
End Sub
Public Sub ShowLResult(query As String)                         '显示请假信息
        Dim rsLeave As New ADODB.Recordset
        Set rsLeave = TransactSQL(query)
        If rsLeave.EOF = False Then
        With Lrecordlist
            .Rows = 1
            While Not rsLeave.EOF
                .Rows = .Rows + 1
                .TextMatrix(.Rows - 1, 0) = rsLeave(0)
                .TextMatrix(.Rows - 1, 1) = rsLeave(1)
                .TextMatrix(.Rows - 1, 2) = rsLeave(2)
                .TextMatrix(.Rows - 1, 3) = rsLeave(3)
                .TextMatrix(.Rows - 1, 4) = rsLeave(4)
                rsLeave.MoveNext
            Wend
            rsLeave.Close
        End With
        End If
End Sub
Public Sub OTopic()
        Dim i As Integer
        With Orecordlist                                        '设置加班信息列表表头
            .TextMatrix(0, 0) = "记录编号"
            .TextMatrix(0, 1) = "员工编号"
            .TextMatrix(0, 2) = "特殊加班天数"
            .TextMatrix(0, 3) = "正常加班天数"
            .TextMatrix(0, 4) = "加班时间"
            For i = 0 To 4                                      '设置对齐方式
                .ColAlignment(i) = 4
            Next i
            For i = 0 To 4                                      '设置列宽
                .ColWidth(i) = 1800
            Next i
        End With
End Sub
Public Sub ShowOResult(query As String)                         '显示加班信息
        Dim rsOvertime As New ADODB.Recordset
        Set rsOvertime = TransactSQL(query)
        If rsOvertime.EOF = False Then
        With Orecordlist
            .Rows = 1
            While Not rsOvertime.EOF
                .Rows = .Rows + 1
                .TextMatrix(.Rows - 1, 0) = rsOvertime(0)
                .TextMatrix(.Rows - 1, 1) = rsOvertime(1)
                .TextMatrix(.Rows - 1, 2) = rsOvertime(2)
```

```
                .TextMatrix(.Rows - 1, 3) = rsOvertime(3)
                .TextMatrix(.Rows - 1, 4) = rsOvertime(4)
                rsOvertime.MoveNext
            Wend
            rsOvertime.Close
        End With
        End If
    End Sub
    Public Sub ETopic()
        Dim i As Integer
        With Erecordlist                                    '设置旷工信息列表表头
            .TextMatrix(0, 0) = "记录编号"
            .TextMatrix(0, 1) = "员工编号"
            .TextMatrix(0, 2) = "旷工天数"
            .TextMatrix(0, 3) = "旷工理由"
            .TextMatrix(0, 4) = "旷工开始时间"
            For i = 0 To 4                                  '设置对齐方式
                .ColAlignment(i) = 4
            Next i
            For i = 0 To 4                                  '设置列宽
                .ColWidth(i) = 2000
            Next i
        End With
    End Sub
    Public Sub ShowEReslut(query As String)                 '显示旷工信息
        Dim rsErrand As New ADODB.Recordset
        Set rsErrand = TransactSQL(query)
        If rsErrand.EOF = False Then
        With Erecordlist
            .Rows = 1
            While Not rsErrand.EOF
                .Rows = .Rows + 1
                .TextMatrix(.Rows - 1, 0) = rsErrand(0)
                .TextMatrix(.Rows - 1, 1) = rsErrand(1)
                .TextMatrix(.Rows - 1, 2) = rsErrand(2)
                .TextMatrix(.Rows - 1, 3) = rsErrand(3)
                .TextMatrix(.Rows - 1, 4) = rsErrand(4)
                rsErrand.MoveNext
            Wend
            rsErrand.Close
        End With
        End If
    End Sub
```

frmLogin 窗体代码如下：

```
    Option Explicit
    Dim pwdCount As Integer
    Private Sub cmdCancel_Click()
        Unload Me
        Exit Sub
    End Sub
    Private Sub cmdOK_Click()
        Dim sql As String
```

```
        Dim rs As ADODB.Recordset
        If Trim(UserName.Text = "") Then
            MsgBox "没有输入用户名称，请重新输入！", vbOKOnly + vbExclamation, "警告！"
            UserName.SetFocus
        Else                                                '查询用户
            sql = "select * from UserInfo where UserID='" & UserName.Text & "'"
        Set rs = TransactSQL(sql)
            If iflag = 1 Then
                If rs.EOF = True Then
                    MsgBox "没有这个用户，请重新输入！", vbOKOnly + vbExclamation, "警告！"
                    UserName.SetFocus
                Else
                    If Trim(rs.Fields(1)) = Trim(PassWord.Text) Then
                        rs.Close
                        Me.Hide
                        gUserName = Trim(UserName.Text)         '保存用户名称
                        FrmMain.Show
                        Unload Me
                    Else
                        MsgBox "密码不正确，请重新输入！", vbOKOnly + vbExclamation, "警告！"
                        PassWord.SetFocus
                        PassWord.Text = ""
                    End If
                End If
            Else
                Unload Me
            End If
        End If
        pwdCount = pwdCount + 1                             '判断输入次数
        If pwdCount = 3 Then
            Unload Me
            Exit Sub
        End If
    End Sub
    Private Sub Form_Load()
        pwdCount = 0
        UserName = ""
        Image1.Picture = LoadPicture(App.Path & "\登录界面.jpg")
    End Sub
    Private Sub PassWord_KeyDown(KeyCode As Integer, Shift As Integer)
      TabToEnter KeyCode
    End Sub
    Private Sub UserName_KeyDown(KeyCode As Integer, Shift As Integer)
    TabToEnter KeyCode
    End Sub
```

frmMain 窗体代码如下：

```
    Private sql As String
    Private Sub About_Click()                               '关于窗体
        frmAbout.Show
        frmAbout.ZOrder 0
    End Sub
    Private Sub Add_Alter_Click()                           '添加调动信息
        flag = 1
```

```
        frmAlteration.Caption = "添加员工调动信息"
        frmAlteration.Show
        frmAlteration.ZOrder 0
    End Sub
    Private Sub Add_Stuff_Click()                    '添加员工信息
        flag = 1
        frmStuff_info.Show
        frmStuff_info.ZOrder 0
    End Sub
    Private Sub Add_User_Click()                     '添加用户
        Dim fAdd As New frmAddUser
        fAdd.Show
        fAdd.ZOrder 0
    End Sub
    Private Sub AddAttendance_Click()                '添加上下班信息
        flag = 1
        FrmAttendance.Show
        FrmAttendance.ZOrder 0
    End Sub
    Private Sub AddOtherKQ_Click()                   '添加其他考勤信息
        flag = 1
        frmOtherKQ.Show
        frmOtherKQ.ZOrder 0
    End Sub
    Private Sub Chage_Alter_Click()                  '修改调动信息
        frmAlterationResult.Show
        frmAlterationResult.ZOrder 0
    End Sub
    Private Sub Change_PWD_Click()                   '修改密码
        Dim fChangePWD As New frmChangePWD
        fChangePWD.Show
    End Sub
    Private Sub Change_Stuff_Click()                 '修改员工信息
        frmCheckStuff.topic = "选择修改条件"
        frmCheckStuff.Caption = "修改员工基本信息"
        sql = "select * from StuffInfo order by SID"
        frmResult.createList (sql)
        frmResult.Show
        frmResult.ZOrder 0
        frmCheckStuff.Show
        frmCheckStuff.ZOrder 0
    End Sub
    Private Sub ChangeAttendance_Click()             '修改上下班信息
        frmAResult.Show
        'frmAResult.ZOrder 0
    End Sub
    Private Sub changeOtherKQ_Click()                '修改其他考勤信息
        frmOKQResult.Show
        frmOKQResult.ZOrder 0
    End Sub
    Private Sub Check_Alter_Click()                  '查询调动信息
        frmCheckAlter.Show
        frmCheckAlter.ZOrder 0
    End Sub
```

```
Private Sub Check_Checkin_Click()                          '查询其他考勤信息
    frmCheckKQ.Show
    frmCheckKQ.ZOrder 0
End Sub
Private Sub Check_Stuff_Click()                            '查询员工信息
    sql = "select * from StuffInfo"
    frmResult.createList (sql)
    frmResult.Show
    frmCheckStuff.Show
    frmResult.ZOrder 1
    frmCheckStuff.ZOrder 0
End Sub
Private Sub Del_Alter_Click()                              '删除调动信息
    frmAlterationResult.Show
    frmAlterationResult.ZOrder 0
End Sub
Private Sub Del_Stuff_Click()                              '删除员工信息
    frmCheckStuff.topic = "选择删除条件"
    frmCheckStuff.Caption = "删除员工基本信息"
    sql = "select * from StuffInfo"
    frmResult.createList (sql)
    frmResult.Show
    frmCheckStuff.Show
    frmResult.ZOrder 1
    frmCheckStuff.ZOrder 0
End Sub
Private Sub delInOut_Click()                               '删除上下班信息
    Dim sql As String
    sql = "select * from AttendanceInfo order by ID desc"
    Call frmAResult.ListTopic
    Call frmAResult.ShowData (sql)
    frmAResult.Show
    frmAResult.ZOrder 0
End Sub
Private Sub delOtherKQ_Click()                             '删除其他考勤信息
    frmOKQResult.Show
    frmOKQResult.ZOrder 0
End Sub
Private Sub MDIForm_Load()
End Sub
Private Sub SetTime_Click()                                '设置上下班时间
    frmSetTime.Show
    frmSetTime.ZOrder 0
End Sub
Private Sub System_EXIT_Click()
    Unload Me
    Exit Sub
End Sub
```

frmOKQResult 窗体代码如下：

```
Option Explicit
Public Sub LeaveTopic()
    Dim i As Integer
```

```
        With LRecordList                                  '设置请假信息列表表头
            .TextMatrix(0, 0) = "记录编号"
            .TextMatrix(0, 1) = "员工编号"
            .TextMatrix(0, 2) = "事假天数"
            .TextMatrix(0, 3) = "病假天数"
            .TextMatrix(0, 4) = "开始时间"
            For i = 0 To 4                                '设置对齐方式
                .ColAlignment(i) = 4
            Next i
            For i = 0 To 4                                '设置列宽
                .ColWidth(i) = 1500
            Next i
        End With
    End Sub
    Public Sub ShowLRecord(query As String)               '显示请假信息
        Dim rsLeave As New ADODB.Recordset
        Set rsLeave = TransactSQL(query)
        If rsLeave.EOF = False Then
        With LRecordList
            .Rows = 1
            While Not rsLeave.EOF
                .Rows = .Rows + 1
                .TextMatrix(.Rows - 1, 0) = rsLeave(0)
                .TextMatrix(.Rows - 1, 1) = rsLeave(1)
                .TextMatrix(.Rows - 1, 2) = rsLeave(2)
                .TextMatrix(.Rows - 1, 3) = rsLeave(3)
                .TextMatrix(.Rows - 1, 4) = rsLeave(4)

                rsLeave.MoveNext
            Wend
            rsLeave.Close
        End With
        End If
    End Sub
    Public Sub OverTimeTopic()
        Dim i As Integer
        With ORecordList                                  '设置加班信息列表表头
            .TextMatrix(0, 0) = "记录编号"
            .TextMatrix(0, 1) = "员工编号"
            .TextMatrix(0, 2) = "特殊加班天数"
            .TextMatrix(0, 3) = "正常加班天数"
            .TextMatrix(0, 4) = "加班时间"
            For i = 0 To 4                                '设置对齐方式
                .ColAlignment(i) = 4
            Next i
            For i = 0 To 4                                '设置列宽
                .ColWidth(i) = 1800
            Next i
        End With
    End Sub
    Public Sub ShowORecord(query As String)               '显示加班信息
        Dim rsOvertime As New ADODB.Recordset
        Set rsOvertime = TransactSQL(query)
        If rsOvertime.EOF = False Then
```

```
        With ORecordList
            .Rows = 1
            While Not rsOvertime.EOF
                .Rows = .Rows + 1
                .TextMatrix(.Rows - 1, 0) = rsOvertime(0)
                .TextMatrix(.Rows - 1, 1) = rsOvertime(1)
                .TextMatrix(.Rows - 1, 2) = rsOvertime(2)
                .TextMatrix(.Rows - 1, 3) = rsOvertime(3)
                .TextMatrix(.Rows - 1, 4) = rsOvertime(4)
                rsOvertime.MoveNext
            Wend
            rsOvertime.Close
        End With
        End If
    End Sub
    Public Sub ErrandTopic()
        Dim i As Integer
        With ERecordList                                         '设置旷工信息列表表头
            .TextMatrix(0, 0) = "记录编号"
            .TextMatrix(0, 1) = "员工编号"
            .TextMatrix(0, 2) = "旷工天数"
            .TextMatrix(0, 3) = "旷工目的地"
            .TextMatrix(0, 4) = "旷工开始时间"
            For i = 0 To 4                                       '设置对齐方式
                .ColAlignment(i) = 4
            Next i
            For i = 0 To 4                                       '设置列宽
                .ColWidth(i) = 2000
            Next i
        End With
    End Sub
    Public Sub ShowERecord(query As String)                      '显示旷工信息
        Dim rsErrand As New ADODB.Recordset
        Set rsErrand = TransactSQL(query)
        If rsErrand.EOF = False Then
        With ERecordList
            .Rows = 1
            While Not rsErrand.EOF
                .Rows = .Rows + 1
                .TextMatrix(.Rows - 1, 0) = rsErrand(0)
                .TextMatrix(.Rows - 1, 1) = rsErrand(1)
                .TextMatrix(.Rows - 1, 2) = rsErrand(2)
                .TextMatrix(.Rows - 1, 3) = rsErrand(3)
                .TextMatrix(.Rows - 1, 4) = rsErrand(4)
                rsErrand.MoveNext
            Wend
            rsErrand.Close
        End With
        End If
    End Sub
    Private Sub ERecordList_DblClick()                           '选择旷工记录修改
        flag = 4
        If frmOKQResult.ERecordList.Rows > 1 Then
        kqsql2 = "select * from ErrandInfo where EID=" & Trim(_
```

```
            frmOKQResult.ERecordList.TextMatrix(frmOKQResult.ERecordList.Row, 0))
            frmOtherKQ.Show
            frmOtherKQ.ZOrder 0
            ErecordID = Trim(frmOKQResult.ERecordList.TextMatrix(frmOKQResult.ERecordList.Row, 0))
        Else
            MsgBox "没有旷工信息！", vbOKOnly + vbExclamation, "警告！"
            flag = 1
            frmOtherKQ.Show
        End If
End Sub
Private Sub Form_Load()
        Dim sql As String
        Select Case SSTab.Caption
        Case "员工请假信息列表"
            sql = "select * from LeaveInfo"
            Call LeaveTopic
            Call ShowLRecord(sql)
        Case "员工加班信息列表"
            sql = "select * from OvertimeInfo"
            Call OverTimeTopic
            Call ShowORecord(sql)
        Case "员工旷工信息列表"
            sql = "select * from ErrandInfo"
            Call ErrandTopic
            Call ShowERecord(sql)
        End Select
End Sub
Private Sub LRecordList_DblClick()                    '选择请假记录修改
        flag = 2
        If frmOKQResult.LRecordList.Rows > 1 Then
            kqsql2 = "select * from LeaveInfo where LID=" & Trim( _
            frmOKQResult.LRecordList.TextMatrix(frmOKQResult.LRecordList.Row, 0))
            frmOtherKQ.Show
            frmOtherKQ.ZOrder 0
        LrecordID = Trim(frmOKQResult.LRecordList.TextMatrix(frmOKQResult.LRecordList.Row, 0))
        Else
            MsgBox "没有请假信息！", vbOKOnly + vbExclamation, "警告！"
            flag = 1
            frmOtherKQ.Show
        End If
End Sub
Private Sub ORecordList_DblClick()               '选择加班记录修改
        flag = 3
        If frmOKQResult.ORecordList.Rows > 1 Then
            kqsql2 = "select * from OvertimeInfo where OID=" & Trim( _
            frmOKQResult.ORecordList.TextMatrix(frmOKQResult.ORecordList.Row, 0))
            frmOtherKQ.Show
            frmOtherKQ.ZOrder 0
        OrecordID = Trim(frmOKQResult.ORecordList.TextMatrix(frmOKQResult.ORecordList.Row, 0))
        Else
            MsgBox "没有加班信息！", vbOKOnly + vbExclamation, "警告！"
            flag = 1
            frmOtherKQ.Show
        End If
```

```
End Sub
Private Sub SSTab_Click(PreviousTab As Integer)
    Dim sql As String
    Select Case SSTab.Caption
    Case "员工请假信息列表"
        sql = "select * from LeaveInfo"
        Call LeaveTopic
        Call ShowLRecord(sql)
    Case "员工加班信息列表"
        sql = "select * from OvertimeInfo"
        Call OverTimeTopic
        Call ShowORecord(sql)
    Case "员工旷工信息列表"
        sql = "select * from ErrandInfo"
        Call ErrandTopic
        Call ShowERecord(sql)
    End Select
End Sub
Private Sub Lrecordlist_MouseUp(Button As Integer, Shift As Integer,X As Single, Y As Single)
    If Button = 2 And Shift = 0 Then
        PopupMenu popmenu.popmenu2
    End If
End Sub
Private Sub Orecordlist_MouseUp(Button As Integer, Shift As Integer,X As Single, Y As Single)
    If Button = 2 And Shift = 0 Then
        PopupMenu popmenu.popmenu2
    End If
End Sub
Private Sub Erecordlist_MouseUp(Button As Integer, Shift As Integer,X As Single, Y As Single)
    If Button = 2 And Shift = 0 Then
        PopupMenu popmenu.popmenu2
    End If
End Sub
```

frmOtherKQ 窗体代码如下：

```
Option Explicit
Dim firstID As String                                   '员工编号
Private Sub ASID_KeyDown(KeyCode As Integer, Shift As Integer)
    TabToEnter KeyCode
End Sub
Private Sub ASID_LostFocus()
    Dim sql As String
    Dim rs As New ADODB.Recordset
    sql = "select SName from StuffInfo where SID='" & Me.ASID.Text & "'"
    Set rs = TransactSQL(sql)
    If rs.EOF = False Then
        Me.ASName = rs(0)                               '初始化员工姓名
    Else
        MsgBox "员工编号输入错误或者没有这个员工！", vbOKOnly + vbExclamation, "警告！"
        Me.ASID = ""
        Me.ASID.SetFocus
        Me.ASID.ListIndex = 0
    End If
```

```
        rs.Close
    End Sub
    Private Sub cmdCancel_Click()
        Unload Me
        Exit Sub
    End Sub
    Private Sub cmdOK_Click()
        Dim sql As String
        Dim rsTime As New ADODB.Recordset
        Dim rs As New ADODB.Recordset
        Dim ipleave As Integer                          '输入事假天数
        Dim iileave As Integer                          '输入病假天数
        Dim COverDays As Integer                        '正常加班天数
        Dim SOverDays As Integer                        '特殊加班天数
        ipleave = 0
        iileave = 0
        COverDays = 0
        SOverDays = 0
        If IsDate(Me.FromDay) = False Then
                    MsgBox "输入正确的开始时间！", vbOKOnly + vbExclamation, "警告！"
                    Me.FromDay = ""
                    Me.FromDay.SetFocus
                End If
        If Me.PLeave <> "" Then
            If IsNumeric(Me.PLeave) = False Then
                MsgBox "输入的事假天数须为整数！", vbOKOnly + vbExclamation, "警告！"
                Me.PLeave = ""
                Me.PLeave.SetFocus
            Else
                ipleave = Me.PLeave
            End If
        End If
        If Me.ILeave <> "" Then
            If IsNumeric(Me.ILeave) = False Then
                MsgBox "输入的病假天数须为整数！", vbOKOnly + vbExclamation, "警告！"
                Me.ILeave = ""
                Me.ILeave.SetFocus
            Else
                iileave = Me.ILeave
            End If
        End If
        If Me.COverDays <> "" Then
            If IsNumeric(Me.COverDays) = False Then
                MsgBox "正常加班天数为整数！", vbOKOnly + vbExclamation, "警告！"
                Me.COverDays = ""
                Me.COverDays.SetFocus
            Else
                COverDays = Me.COverDays
            End If
        End If
        If Me.SOverDays <> "" Then
            If IsNumeric(Me.SOverDays) = False Then
                MsgBox "特殊加班天数为整数！", vbOKOnly + vbExclamation, "警告！"
                Me.SOverDays = ""
```

```
            Me.SOverDays.SetFocus
        Else
            SOverDays = Me.SOverDays
        End If
    End If
    If Me.EDays <> "" Or Me.EPurpose <> "" Then
        If Me.EDays = "" Then
            MsgBox "请输入旷工天数！", vbOKOnly + vbExclamation, "警告！"
            Me.EDays = ""
            Me.EDays.SetFocus
        ElseIf IsNumeric(Me.EDays) = False Then
            MsgBox "旷工天数为整数！", vbOKOnly + vbExclamation, "警告！"
            Me.EDays = ""
            Me.EDays.SetFocus
        ElseIf Me.EPurpose = "" Then
            MsgBox "请输入旷工的事由！", vbOKOnly + vbExclamation, "警告！"
            Me.EPurpose = ""
            Me.EPurpose.SetFocus
        End If
    End If
    If flag = 1 Then                                          '添加记录
        If Me.PLeave = "" And Me.ILeave = "" And Me.EPurpose = "" _
                  And Me.EDays = "" And Me.COverDays = "" And Me.SOverDays = "" Then
        Else
            If Me.PLeave <> "" Or Me.ILeave <> "" Then
                sql = "select * from LeaveInfo"              '添加请假记录
                Set rs = TransactSQL(sql)
                rs.AddNew
                rs.Fields(1) = Me.ASID
                rs.Fields(2) = iileave
                rs.Fields(3) = ipleave
                rs.Fields(4) = Me.FromDay
                rs.Update
                rs.Close
                MsgBox "已经添加请假记录！", vbOKOnly + vbExclamation, "添加结果！"
                Call init
            ElseIf Me.COverDays <> "" _
                      Or Me.SOverDays <> "" Then     '添加加班信息
                sql = "select * from OvertimeInfo"
                Set rs = TransactSQL(sql)
                rs.AddNew
                rs.Fields(1) = Me.ASID
                rs.Fields(2) = SOverDays
                rs.Fields(3) = COverDays
                rs.Fields(4) = Me.FromDay
                rs.Update
                rs.Close
                MsgBox "已经添加加班信息！", vbOKOnly + vbExclamation, "添加结果！"
                Call init
            ElseIf Me.EDays <> "" And Me.EPurpose <> "" Then '添加旷工记录
                sql = "select * from ErrandInfo"
                Set rs = TransactSQL(sql)
                rs.AddNew
                rs.Fields(1) = Me.ASID
```

```
                rs.Fields(2) = Me.EDays
                rs.Fields(3) = Me.EPurpose
                rs.Fields(4) = Me.FromDay
                rs.Update
                rs.Close
                MsgBox "已经添加旷工记录！", vbOKOnly + vbExclamation, "添加结果！"
                Call init
            End If
        End If
        Select Case frmOKQResult.SSTab.Caption
        Case "员工请假信息列表"
            sql = "select * from LeaveInfo"
            Call frmOKQResult.LeaveTopic
            Call frmOKQResult.ShowLRecord(sql)
        Case "员工加班信息列表"
            sql = "select * from OvertimeInfo"
            Call frmOKQResult.OverTimeTopic
            Call frmOKQResult.ShowORecord(sql)
        Case "员工旷工信息列表"
            sql = "select * from ErrandInfo"
            Call frmOKQResult.ErrandTopic
            Call frmOKQResult.ShowERecord(sql)
        End Select
        frmOKQResult.Show
        frmOKQResult.ZOrder 0
        Me.ZOrder 0
    Else
        If flag = 2 Then                                        '修改请假信息
            If Me.PLeave <> "" And Me.ILeave <> "" Then
                If MsgBox("确定修改编号为" & Me.ASID & "员工的请假信息？", vbOKCancel) _
                                                                  = vbOK Then
                sql = "update LeaveInfo set LILL=" & ILeave
                sql = sql & ",LPrivate=" & PLeave & ",LFromDay=#" & Me.FromDay
                sql = sql & "# where LID=" & LrecordID
                TransactSQL (sql)
                MsgBox "信息已经修改！", vbOKOnly + vbExclamation, "修改结果！"
                sql = "select * from LeaveInfo"
                Call frmOKQResult.LeaveTopic
                Call frmOKQResult.ShowLRecord(sql)
                frmOKQResult.Show
                frmOKQResult.ZOrder 0
                Unload Me
                End If
            End If
        ElseIf flag = 3 Then                                   '修改加班信息
            If Me.COverDays <> "" And Me.SOverDays <> "" Then
                If MsgBox("确定修改编号为" & Me.ASID & "员工的加班信息？", vbOKCancel) _
                                                              = vbOK Then
                sql = "update OvertimeInfo set OSpeciality=" & SOverDays
                sql = sql & ",OCommon=" & COverDays & ",OFromDay=#" & Me.FromDay & "#"
                sql = sql & " where OID=" & OrecordID
                TransactSQL (sql)
                sql = "select * from OvertimeInfo"
                Call frmOKQResult.OverTimeTopic
```

```
                Call frmOKQResult.ShowORecord (sql)
                frmOKQResult.Show
                frmOKQResult.ZOrder 0
                Unload Me
                End If
            End If
        Else
            If Me.EDays <> "" And Me.EPurpose <> "" Then            '修改旷工信息
                If MsgBox("确定修改编号为" & Me.ASID & "员工的旷工信息？", vbOKCancel)_
                                                                  = vbOK Then
                sql = "update ErrandInfo set EErranddays=" & Me.EDays
                sql = sql & ",EPurpose='" & Me.EPurpose & "'"
                sql = sql & ",EFromday=#" & Me.FromDay & "#"
                sql = sql & " where EID=" & ErecordID
                TransactSQL (sql)
                sql = "select * from ErrandInfo"
                Call frmOKQResult.ErrandTopic
                Call frmOKQResult.ShowERecord (sql)
                frmOKQResult.Show
                frmOKQResult.ZOrder 0
                Unload Me
                End If
            End If
        End If
    End If
End Sub
Private Sub Form_Load()
    Dim sql As String
    Dim rs As New ADODB.Recordset
    Dim rsName As New ADODB.Recordset
    If flag = 1 Then
    sql = "select SID from StuffInfo order by SID"
    Set rs = TransactSQL (sql)
    If rs.EOF = False Then
        rs.MoveFirst
        firstID = rs (0)
    While Not rs.EOF
        Me.ASID.AddItem rs (0)                                  '初始化员工编号
        rs.MoveNext
    Wend
        rs.Close
    Else
        MsgBox "目前没有员工！", vbOKOnly + vbExclamation, "警告！"
    End If
    Me.ASID.ListIndex = 0
    sql = "select SName from StuffInfo where SID ='" & firstID & "'"
    Set rs = TransactSQL (sql)
    Me.ASName = rs (0)                                          '初始化员工姓名
    Me.FromDay = Date
    rs.Close
    ElseIf flag = 2 Then                                        '载入请假信息
        Set rs = TransactSQL (kqsql2)
        If rs.EOF = False Then
        With rs
```

```
                Me.ASID = rs(1)
                sql = "select SName from StuffInfo where SID='" & rs(1) & "'"
                Set rsName = TransactSQL(kqsql2)
                Me.ASName = rsName(0)
                Me.FromDay = rs(4)
                Me.ILeave = rs(2)
                Me.PLeave = rs(3)
            End With
            End If
            rsName.Close
            rs.Close
        ElseIf flag = 3 Then                                  '载入加班信息
            Set rs = TransactSQL(kqsql2)
            If rs.EOF = False Then
            With rs
                Me.ASID = rs(1)
                sql = "select SName from StuffInfo where SID='" & rs(1) & "'"
                Set rsName = TransactSQL(sql)
                Me.ASName = rsName(0)
                Me.SOverDays = rs(2)
                Me.COverDays = rs(3)
                Me.FromDay = rs(4)
            End With
            End If
            rsName.Close
            rs.Close
        ElseIf flag = 4 Then                                  '载入旷工信息
            Set rs = TransactSQL(kqsql2)
            If rs.EOF = False Then
            With rs
                Me.ASID = rs(1)
                sql = "select SName from StuffInfo where SID='" & rs(1) & "'"
                Set rsName = TransactSQL(sql)
                Me.ASName = rsName(0)
                Me.EDays = rs(2)
                Me.EPurpose = rs(3)
                Me.FromDay = rs(4)
            End With
            End If
            rsName.Close
            rs.Close
        End If
    End Sub
    Private Sub init()
        Dim sql As String
        Dim rs As New ADODB.Recordset
        sql = "select SName from StuffInfo where SID='" & firstID & "'"
        Set rs = TransactSQL(sql)
        Me.ASID.ListIndex = 0
        Me.ASName = rs(0)
        Me.PLeave = ""
        Me.ILeave = ""
        Me.COverDays = ""
        Me.SOverDays = ""
```

```
        Me.EPurpose = ""
        Me.EDays = ""
    End Sub
```

frmResult 窗体代码如下：

```
    Option Explicit
    Private Sub Form_Load()
        Dim sql As String
        sql = "select * from StuffInfo order by SID"
        createList (sql)
    End Sub
    Public Sub createList(sql As String)
        Dim rs As New ADODB.Recordset
        Dim i As Integer
        Dim rsGird As MSFlexGrid
        With rsGrid                                          '设置表头
            .TextMatrix(0, 0) = "员工编号"
            .TextMatrix(0, 1) = "员工姓名"
            .TextMatrix(0, 2) = "员工性别"
            .TextMatrix(0, 3) = "员工籍贯"
            .TextMatrix(0, 4) = "员工年龄"
            .TextMatrix(0, 5) = "员工生日"
            .TextMatrix(0, 6) = "员工等级"
            .TextMatrix(0, 7) = "员工专业"
            .TextMatrix(0, 8) = "家庭住址"
            .TextMatrix(0, 9) = "邮政编码"
            .TextMatrix(0, 10) = "电话号码"
            .TextMatrix(0, 11) = "Email"
            .TextMatrix(0, 12) = "入职时间"
            .TextMatrix(0, 13) = "进入本单位时间"
            .TextMatrix(0, 14) = "部门"
            .TextMatrix(0, 15) = "正式上班时间"
            .TextMatrix(0, 16) = "部门职务"
            .TextMatrix(0, 17) = "备注"
            For i = 0 To 17                                  '设置所有表格对齐方式
                .ColAlignment(i) = 4
            Next i
            For i = 0 To 11                                  '设置每列宽度
                .ColWidth(i) = 1400
            Next i
            .ColWidth(12) = 2000
            .ColWidth(13) = 2000
            .ColWidth(14) = 1400
            .ColWidth(15) = 2000
            .ColWidth(16) = 1400
            .ColWidth(17) = 3000
        End With
        Set rs = TransactSQL(sql)
        If rs.EOF = False Then
            With rsGrid                                      '显示信息内容
            .Rows = 1
            While Not rs.EOF
                .Rows = .Rows + 1
                .TextMatrix(.Rows - 1, 0) = rs(0)
                .TextMatrix(.Rows - 1, 1) = rs(1)
```

```
                .TextMatrix(.Rows - 1, 2) = rs(2)
                .TextMatrix(.Rows - 1, 3) = rs(3)
                .TextMatrix(.Rows - 1, 4) = rs(4)
                .TextMatrix(.Rows - 1, 5) = rs(5)
                .TextMatrix(.Rows - 1, 6) = rs(6)
                .TextMatrix(.Rows - 1, 7) = rs(7)
                .TextMatrix(.Rows - 1, 8) = rs(8)
                .TextMatrix(.Rows - 1, 9) = rs(9)
                .TextMatrix(.Rows - 1, 10) = rs(10)
                .TextMatrix(.Rows - 1, 11) = rs(11)
                .TextMatrix(.Rows - 1, 12) = rs(12)
                .TextMatrix(.Rows - 1, 13) = rs(13)
                .TextMatrix(.Rows - 1, 14) = rs(14)
                .TextMatrix(.Rows - 1, 15) = rs(15)
                .TextMatrix(.Rows - 1, 16) = rs(16)
                .TextMatrix(.Rows - 1, 17) = rs(17)
                rs.MoveNext
            Wend
            End With
        rs.Close
        End If
End Sub
Private Sub rsGrid_MouseUp(Button As Integer, Shift As Integer, X As Single, Y As Single)
        If Button = 2 And Shift = 0 Then
            PopupMenu popmenu.popmenu
        End If
End Sub
```

frmSetTime 窗体代码如下：

```
Option Explicit
Private Sub cmdCancel_Click()
        Unload Me
        Exit Sub
End Sub
Private Sub cmdOK_Click()
        Dim sql As String
        Dim rs As New ADODB.Recordset
        sql = "delete from TimeSetting"
        TransactSQL (sql)
        If IsDate(Me.BeginTime) = False Or Me.BeginTime = "" Then
            MsgBox "请正确地输入时间！", vbOKOnly + vbExclamation, "警告！"
            Me.BeginTime.SetFocus
        Else
            If IsDate(Me.EndTime) = False Or Me.EndTime = "" Then
                MsgBox "请正确地输入时间！", vbOKOnly + vbExclamation, "警告！"
                Me.EndTime.SetFocus
        Else
            sql = "select * from TimeSetting"
            Set rs = TransactSQL(sql)
            rs.AddNew                                                 '设置时间
                rs.Fields(0) = Me.BeginTime
                rs.Fields(1) = Me.EndTime
                rs.Update
                rs.Close
            MsgBox "时间已经设置！", vbOKOnly + vbExclamation, "设置结果！"
```

```
            End If
        End If
        Unload Me
    End Sub
    Private Sub Form_Load()
        Dim sql As String
        Dim rs As New ADODB.Recordset
        sql = "select * from TimeSetting"
        Set rs = TransactSQL(sql)
        If rs.EOF = True Then
            Me.BeginTime = ""
            Me.EndTime = ""
        Else
            Me.BeginTime = rs(0)
            Me.EndTime = rs(1)
        End If
        rs.Close
    End Sub
```

frmStuff_info 窗体代码如下：

```
    Option Explicit
    Private Sub cmdCancel_Click()
        Unload Me
        Exit Sub
    End Sub
    Private Sub addNewRecord()
        Dim sql As String
        Dim rs As New ADODB.Recordset
        sql = "select * from StuffInfo"
        Set rs = TransactSQL(sql)
        rs.AddNew                                               '添加新记录
                rs.Fields(0) = Trim(Me.ID)
                rs.Fields(1) = Trim(Me.StuffName)
                rs.Fields(2) = Gender.Text
                rs.Fields(3) = Trim(Me.Place)
                rs.Fields(4) = Trim(Me.Age)
                rs.Fields(5) = Trim(Me.Birthday)
                rs.Fields(6) = Trim(Me.Degree)
                rs.Fields(7) = Trim(Me.Speciality)
                rs.Fields(8) = Trim(Me.Address)
                rs.Fields(9) = Trim(Me.Code)
                rs.Fields(10) = Trim(Me.Tel)
                rs.Fields(11) = Trim(Me.Email)
                rs.Fields(12) = Trim(Me.WorkTime)
                rs.Fields(13) = Trim(Me.InTime)
                rs.Fields(14) = Trim(Me.Dept)
                rs.Fields(15) = Trim(Me.PayTime)
                rs.Fields(16) = Trim(Me.Position)
                rs.Fields(17) = Trim(Me.Remark)
            rs.Update
            rs.Close
    End Sub
    Private Sub init()                                  '初始化
        Me.StuffName = ""
        Me.Gender.ListIndex = 0
```

```
        Me.Place = ""
        Me.Age = ""
        Me.Birthday = ""
        Me.Degree = ""
        Me.Speciality = ""
        Me.Address = ""
        Me.Code = ""
        Me.Tel = ""
        Me.Email = ""
        Me.WorkTime = ""
        Me.InTime = ""
        Me.Dept = ""
        Me.PayTime = ""
        Me.Position = ""
        Me.Remark = ""
        Me.StuffName.SetFocus
    End Sub
    Private Sub cmdOK_Click()
        Dim sql As String
        Dim temp As String
        Dim num As Integer
        Dim rs As New ADODB.Recordset
        If Trim(Me.StuffName) = "" Then                          '判断员工姓名是否为空
            MsgBox "请输入员工姓名！", vbOKOnly + vbExclamation, "警告！"
            Me.StuffName.SetFocus
            Exit Sub
        End If
        If Trim(Me.Age) = "" Then                                '判断年龄是否为空
            MsgBox "请输入员工年龄！", vbOKOnly + vbExclamation, "警告！"
            Me.Age.SetFocus
            Exit Sub
        End If
        If Trim(Me.Birthday) = "" Then                           '判断生日是否为空
            MsgBox "请输入员工生日！", vbOKOnly + vbExclamation, "警告！"
            Me.Birthday.SetFocus
            Exit Sub
        End If
        If Trim(Me.Dept) = "" Then                               '判断等级是否为空
            MsgBox "请输入员工所在等级！", vbOKOnly + vbExclamation, "警告！"
            Me.Dept.SetFocus
            Exit Sub
        End If
        If Trim(Me.Position) = "" Then                           '判断职务是否为空
            MsgBox "请输入员工职务！", vbOKOnly + vbExclamation, "警告！"
            Me.Position.SetFocus
        Exit Sub
        End If
        If Not IsDate(Me.Birthday) Then                          '判断生日的格式
            MsgBox "生日请按照(yyyy-mm-dd)方式输入！", vbOKOnly + vbExclamation, "警告！"
            Me.Birthday.SetFocus
            Exit Sub
            Else
            Me.Birthday = Format(Me.Birthday, "yyyy-mm-dd")
            End If
        If Not IsDate(Me.WorkTime) Then                          '判断录用时间的格式
```

```
        MsgBox "录用时间请按照(yyyy-mm-dd)方式输入！", vbOKOnly + vbExclamation, "警告！"
        Me.WorkTime.SetFocus
        Exit Sub
    Else
        Me.WorkTime = Format(Me.WorkTime, "yyyy-mm-dd")
    End If
    If Not IsDate(Me.InTime) Then                     '判断进入本单位时间的格式
        MsgBox "进入本单位时间请按照(yyyy-mm-dd)方式输入！", vbOKOnly + vbExclamation, "警告！"
        Me.InTime.SetFocus
        Exit Sub
    Else
        Me.InTime = Format(Me.InTime, "yyyy-mm-dd")
    End If
    If Not IsDate(Me.PayTime) Then                    '判断正式上班时间的格式
        MsgBox "正式上班时间请按照(yyyy-mm-dd)方式输入！", vbOKOnly + vbExclamation, "警告！"
        Me.PayTime.SetFocus
        Exit Sub
    Else
        Me.PayTime = Format(Me.PayTime, "yyyy-mm-dd")
    End If
    If flag = 1 Then                                  '添加操作
        sql = "select * from StuffInfo where SName='" & Trim(Me.StuffName)
        sql = sql & "' and SGender='" & Gender.Text & "' and SBirthday='"
        sql = sql & Trim(Me.Birthday) & "' and SDept='" & Trim(Me.Dept)
        sql = sql & "' and SPosition='" & Trim(Me.Position) & "'"
        Set rs = TransactSQL(sql)
        If rs.EOF = False Then                        '判断是否已经存在员工记录
            MsgBox "已经存在这个员工的记录！", vbOKOnly + vbExclamation, "警告！"
            Me.StuffName.SetFocus
            Me.StuffName.SelStart = 0
            rs.Close
        Else
        Call addNewRecord
        MsgBox "记录已经成功添加！", vbOKOnly + vbExclamation, "添加结果！"
        sql = "update PersonNum set Num= Num+1"       '计数器加 1
        TransactSQL (sql)
        sql = "select * from PersonNum"              '员工编号初始化
        Set rs = TransactSQL(sql)
        num = rs(0)
        num = num + 1
        temp = Right(Format(100000000 + num), 7)
        Me.ID = "P" & temp
        rs.Close
        Call init
        sql = "select * from StuffInfo"              '显示信息列表
        frmResult.createList (sql)
        frmResult.Show
        frmResult.ZOrder 0
        Me.ZOrder 0                                  '显示窗体继续添加
        End If
    ElseIf flag = 2 Then                             '修改操作
        sql = "update StuffInfo set SGender='" & Gender.Text & "',SPlace='"
        sql = sql & Trim(Me.Place) & "', SAge=" & Trim(Me.Age)
        sql = sql & ",SBirthday='" & Trim(Me.Birthday) & "',"
        sql = sql & "SDegree='" & Trim(Me.Degree) & "',"
```

```
            sql = sql & "SSpecial='" & Trim(Me.Speciality) & "',"
            sql = sql & "SAddress='" & Trim(Me.Address) & "',"
            sql = sql & "SCode='" & Trim(Me.Code) & "',"
            sql = sql & "STel='" & Trim(Me.Tel) & "',SEmail='" & Trim(Me.Email) & "',"
            sql = sql & "SWorkTime='" & Trim(Me.WorkTime) & "',"
            sql = sql & "SInTime='" & Trim(Me.InTime) & "',"
            sql = sql & "SDept='" & Trim(Me.Dept) & "',SPayTime='" & Trim(Me.PayTime)
            sql = sql & "',SPosition='" & Trim(Me.Position) & "',"
            sql = sql & "SRemark='" & Trim(Me.Remark) & "' where SID='" & Trim(Me.ID) & "'"
            TransactSQL (sql)
            MsgBox "记录已经成功修改！", vbOKOnly + vbExclamation, "修改结果！"
            Unload Me
            sql = "select * from StuffInfo"
            frmResult.createList (sql)
            frmResult.Show
        End If
End Sub
Private Sub Form_Load()
        Dim rs As New ADODB.Recordset
        Dim sql As String
        Dim num As Integer
        Dim temp As String
        With Gender                                         '添加性别选项
            .AddItem "男"
            .AddItem "女"
        End With
        If flag = 1 Then                                     '判断为添加信息
            Me.Caption = "添加" + Me.Caption
            Gender.ListIndex = 0
            sql = "select * from PersonNum"
            Set rs = TransactSQL(sql)
            num = rs(0)
            num = num + 1
            temp = Right(Format(10000000 + num), 7)
            Me.ID = "P" & temp
            rs.Close
        ElseIf flag = 2 Then                                 '判断为修改信息
            Set rs = TransactSQL(gSQL)
            If rs.EOF = False Then
            With rs
                Me.ID = rs(0)
                Me.StuffName = rs(1)
                Me.Gender = rs(2)
                Me.Place = rs(3)
                Me.Age = rs(4)
                Me.Birthday = rs(5)
                Me.Degree = rs(6)
                Me.Speciality = rs(7)
                Me.Address = rs(8)
                Me.Code = rs(9)
                Me.Tel = rs(10)
                Me.Email = rs(11)
                Me.WorkTime = rs(12)
                Me.InTime = rs(13)
                Me.Dept = rs(14)
```

```
                Me.PayTime = rs(15)
                Me.Position = rs(16)
                Me.Remark = rs(17)
            End With
            rs.Close
            Me.Caption = "修改" & Me.Caption
            Me.ID.Enabled = False
            Me.StuffName.Enabled = False
            Else
                MsgBox "目前没有员工！", vbOKOnly + vbExclamation, "警告！"
            End If
        End If
    End Sub
```

Popmenu 窗体代码如下：

```
    Option Explicit
    Public str1 As String
    Private Sub add_Click()                                    '添加员工信息
        flag = 1
        frmStuff_info.Show vbModal
        frmStuff_info.ZOrder 0
        frmResult.ZOrder 1
    End Sub
    Private Sub addAlteration_Click()                          '添加调动信息
        flag = 1
        frmAlteration.Show
        frmAlteration.ZOrder 0
    End Sub
    Private Sub addInOut_Click()                               '添加上下班信息
        flag = 1
        FrmAttendance.Show
        FrmAttendance.ZOrder 0
    End Sub
    Private Sub AddOtherKQ_Click()                             '添加其他考勤信息
        flag = 1
        frmOtherKQ.Show
        frmOtherKQ.ZOrder 0
    End Sub
    Private Sub change_Click()                                 '修改员工信息
        flag = 2
        If frmResult.rsGrid.Rows > 1 Then
            gSQL = "select * from StuffInfo where SID='" & Trim(frmResult._
                    rsGrid.TextMatrix(frmResult.rsGrid.Row, 0)) & "'"
            frmStuff_info.Show
            frmStuff_info.ZOrder 0
        Else
         MsgBox "目前没有员工信息，请先添加员工信息！", vbOKOnly + vbExclamation, "警告！"
         flag = 1
         frmStuff_info.Show
        End If
    End Sub
    Private Sub aa_Click()                                     '修改其他考勤信息
        flag = 2
        If frmOKQResult.LRecordList.Rows > 1 Then
            kqsql2 = "select * from StuffInfo where SID='" & Trim(frmOKQResult.
```

```
                LRecordList.TextMatrix(frmOKQResult.LRecordList.Row, 0)) & "'"
            frmOtherKQ.Show
            frmOtherKQ.ZOrder 0
        Else
         MsgBox "目前没有员工信息，请先添加员工信息！", vbOKOnly + vbExclamation, "警告！"
         flag = 1
         frmOtherKQ.Show
        End If
End Sub
Private Sub tt_Click()                                    '修改上下班信息
        flag = 2
        'FrmAttendance.Caption = "修改员工上下班信息"
        If frmAResult.recordlist.Rows > 1 Then
            kqsql = "select * from AttendanceInfo where ID='" & Trim(frmAResult._
                recordlist.TextMatrix(frmAResult.recordlist.Row, 0)) & "'"
            FrmAttendance.Show
            FrmAttendance.ZOrder 0
        Else
         MsgBox "目前没有上下班信息,请先添加信息！", vbOKOnly + vbExclamation, "警告！"
         flag = 1
         FrmAttendance.Show
        End If
End Sub
Private Sub ChangeAlter_Click()                                    '修改调动信息
        Dim rs As New ADODB.Recordset
        flag = 2
        frmAlteration.Caption = "修改员工调动信息"
        If frmAlterationResult.DataGrid1.Row < 0 Then
            MsgBox "目前没有记录！", vbOKOnly + vbExclamation, "提示！"
            flag = 1
            frmAlteration.Show
            frmAlteration.ZOrder 0
        Else
           str1 = "select * from AlterationInfo where ID=" & Trim(_
                frmAlterationResult.DataGrid1.Columns(0))
            frmAlteration.ID = Trim(frmAlterationResult.DataGrid1.Columns(0))
            Set rs = TransactSQL(str1)
            If rs.EOF = False Then
            With rs
                frmAlteration.AID = rs(1)
                frmAlteration.AName = rs(2)
                frmAlteration.AOldDept = rs(3)
                frmAlteration.ANewDept = rs(4)
                frmAlteration.AOldPosition = rs(5)
                frmAlteration.ANewPosition = rs(6)
                frmAlteration.AOutTime = rs(7)
                frmAlteration.AInTime = rs(8)
                frmAlteration.ARemark = rs(9)
            End With
                rs.Close
            End If
            frmAlteration.Show
            frmAlteration.ZOrder 0
        End If
End Sub
```

```
Private Sub check_Click()                                    '查询员工信息
    frmCheckStuff.Show
End Sub
Private Sub checkKQ1_Click()                                  '查询考勤信息
    frmCheckKQ.Show
    frmCheckKQ.ZOrder 0
End Sub
Private Sub checkKQ2_Click()                                  '查询考勤信息
    frmCheckKQ.Show
    frmCheckKQ.ZOrder 0
End Sub
Private Sub del_Click()                                       '删除员工信息
    Dim sql As String
    If frmResult.rsGrid.Rows = 1 Then
        MsgBox "目前没有员工信息，请先添加员工信息！", vbOKOnly + vbExclamation, "警告！"
        flag = 1
        frmStuff_info.Show
        frmStuff_info.ZOrder 0
    Else
        sql = "delete from StuffInfo where SID='" & Trim(frmResult.
                rsGrid.TextMatrix(frmResult.rsGrid.Row, 0)) & "'"
        If MsgBox("真的要删除这条记录么？", vbOKCancel + vbExclamation, "提示！")= vbOK _
        Then
        TransactSQL (sql)
        MsgBox "员工信息记录已经删除！", vbOKOnly + vbExclamation, "警告！"
        Unload Me
        sql = "select * from StuffInfo"

        frmResult.createList (sql)
        Unload frmResult
        frmResult.Show
        End If
    End If
End Sub
Private Sub delKQ1_Click()                                  '删除上下班信息
     Dim sql As String
    If frmAResult.recordlist.Rows = 1 Then
        MsgBox "目前没有上下班信息！", vbOKOnly + vbExclamation, "警告！"
        flag = 1
        FrmAttendance.Show
        FrmAttendance.ZOrder 0
    Else
            sql = "delete from AttendanceInfo where ID=" & Trim (frmAResult.
                  recordlist.TextMatrix(frmAResult.recordlist.Row, 0))
        If MsgBox("真的要删除这条记录么？", vbOKCancel + vbExclamation, "提示！")= vbOK _
        Then
        TransactSQL (sql)
        MsgBox "记录已经删除！", vbOKOnly + vbExclamation, "警告！"
        Unload Me
        sql = "select * from AttendanceInfo"
        'frmAResult.ListTopic
        frmAResult.ShowData (sql)

        Unload frmAResult
        frmAResult.Show
```

```
            Else
            Unload frmAResult
            End If
        End If
    End Sub
Private Sub DelAlter_Click()                                    '删除调动信息
        Dim sql As String
        If frmAlterationResult.DataGrid1.Row < 0 Then
                MsgBox "目前没有记录！", vbOKOnly + vbExclamation, "提示！"
                flag = 1
                frmAlteration.Show
                frmAlteration.ZOrder 0
        Else
                sql = "delete from AlterationInfo where ID=" & Trim(_
                    frmAlterationResult.DataGrid1.Columns(0).CellText(_
                    frmAlterationResult.DataGrid1.Bookmark))
                If MsgBox("真的要删除这条记录么？", vbOKCancel) = vbOK Then
                    TransactSQL (sql)
                    MsgBox "记录已经删除！", vbOKOnly + vbExclamation, "提示！"
                    sql = "select * from AlterationInfo order by ID"
                    frmAlterationResult.Adodc1.ConnectionString = "Provider=
                            Microsoft.Jet.OLEDB.4.0;Data Source=" + App.Path + "\Person.mdb"
                    frmAlterationResult.Adodc1.RecordSource = sql
                    If sql <> "" Then
                        frmAlterationResult.Adodc1.Refresh
                    End If
                    Set frmAlterationResult.DataGrid1.DataSource =frmAlterationResult.Adodc1.Recordset
                    frmAlterationResult.DataGrid1.Refresh
                    frmAlterationResult.Show
                    frmAlterationResult.ZOrder 0
                End If
        End If
End Sub
Private Sub delKQ2_Click()                                      '删除其他考勤信息
        Dim sql As String
        Select Case frmOKQResult.SSTab.Caption
        Case "员工请假信息列表"
                If frmOKQResult.LRecordList.Rows = 1 Then
                    MsgBox "目前没有请假信息！", vbOKOnly + vbExclamation, "警告！"
                    flag = 1
                    frmOtherKQ.Show
                    frmOtherKQ.ZOrder 0
                Else
                    sql = "delete from LeaveInfo where LID="
                    sql = sql & Trim(frmOKQResult.LRecordList.TextMatrix(_
                                    frmOKQResult.LRecordList.Row, 0))
                    If MsgBox("真的要删除这条记录么？", vbOKCancel + vbExclamation, "提示！")= vbOK _
                    Then
                        TransactSQL (sql)
                        MsgBox "记录已经删除！", vbOKOnly + vbExclamation, "警告！"
                        Unload Me
                        sql = "select * from LeaveInfo"
                        Call frmOKQResult.LeaveTopic
                        Call frmOKQResult.ShowLRecord(sql)
                        Unload frmOKQResult
```

```
                frmOKQResult.Show
                 frmOKQResult.SSTab.Caption = "员工请假信息列表"
            End If
          End If
    Case "员工加班信息列表"
        If frmOKQResult.ORecordList.Rows = 1 Then
            MsgBox "目前没有加班信息！", vbOKOnly + vbExclamation, "警告！"
            flag = 1
            frmOtherKQ.Show
            frmOtherKQ.ZOrder 0
        Else
            sql = "delete from OvertimeInfo where OID="
            sql = sql & Trim(frmOKQResult.ORecordList.TextMatrix( _
                                    frmOKQResult.ORecordList.Row, 0))
            If MsgBox("真的要删除这条记录么？", vbOKCancel + vbExclamation, "提示！")= vbOK _
            Then
                TransactSQL (sql)
                MsgBox "记录已经删除！", vbOKOnly + vbExclamation, "警告！"
                Unload Me
                sql = "select * from OvertimeInfo"
                Call frmOKQResult.OverTimeTopic
                Call frmOKQResult.ShowORecord(sql)
                 Unload frmOKQResult
                frmOKQResult.Show
                 frmOKQResult.SSTab.Caption = "员工加班信息列表"
            End If
        End If
    Case "员工旷工信息列表"
        If frmOKQResult.ERecordList.Rows = 1 Then
            MsgBox "目前没有旷工信息！", vbOKOnly + vbExclamation, "警告！"
            flag = 1
            frmOtherKQ.Show
            frmOtherKQ.ZOrder 0
        Else
            sql = "delete from ErrandInfo where EID="
            sql = sql & Trim(frmOKQResult.ERecordList.TextMatrix( _
                                frmOKQResult.ERecordList.Row, 0))
            If MsgBox("真的要删除这条记录么？", vbOKCancel + vbExclamation, "提示！")= vbOK _
            Then
                TransactSQL (sql)
                MsgBox "记录已经删除！", vbOKOnly + vbExclamation, "警告！"
                Unload Me
                sql = "select * from ErrandInfo"
                Call frmOKQResult.ErrandTopic
                Call frmOKQResult.ShowERecord(sql)
                 Unload frmOKQResult
                'frmOKQResult.Show
                 frmOKQResult.SSTab.Caption = "员工旷工信息列"
            End If
        End If
    End Select
End Sub
```

模块3　扩展功能模块

第8单元　VBA程序设计

8.1　VBA语言

知识点1　VBA简介
知识点2　VB、VBA、宏的联系与区别
知识点3　VBA的主要功能

自主学习

(1) 请参阅学习材料，了解VBA的主要应用。
(2) 了解宏的概念及宏的应用。
(3) 深入了解VBA与VB的区别和联系。

8.2　宏与VBA

知识点1　宏的创建和管理
知识点2　宏的应用技巧

自主学习

(1) 菜单上没有开发工具菜单选项时，该如何添加？
(2) 单击“录制宏”后，在菜单上出现使用相对引用是什么意思？在什么场合使用相对引用？
(3) “录制新宏”对话框中的快捷键如何设置？
(4) “录制宏”对话框中的保存位置有3个选项，都是什么意思？
(5) 如果用户不停止宏的录制，会产生什么效果？

8.3　Office VBE开发环境

知识点1　VBE启动方式和操作界面

知识点2　VBE开发环境
知识点3　VBA的使用技巧

8.3.1　自主学习

(1) 请查找相关书籍，看看都有哪几种启动VBE开发环境的方法。
(2) 熟悉VBE开发环境。
(3) 为了更好地学习VBA语言，熟练掌握使用帮助的方法。
(4) 熟练掌握VBE开发环境中几种组件的具体应用方法。
(5) 熟悉带有VBA程序的保存方法。

8.3.2　能力测试题答案

1．定制VBE环境可以通过选择“工具→选项”命令，在“选项”对话框中，对4个选项卡分别进行定制。

“编辑器”选项卡：定制代码窗口的基本控制。

“编辑器格式”选项卡：定制代码的显示格式。

“通用”选项卡：定制VBA的工程设置、错误处理和编译处理。

“可连续的”选项卡：定制VBA中各窗口的行为方式。

2．因为VBA程序一般保存在模块里，所以应先添加一个模块来保存它。

添加模块：在VBE开发环境中选择“插入→模块”命令，或右键单击“工程资源管理器”，在弹出的快捷菜单中选择“插入→模块”命令。

删除模块：选中要删除的模块，选择“文件→移除模块”命令，或者右键单击“工程资源管理器”中的模块，在弹出的快捷菜单中选择“移除模块”命令。

3．略。

8.4　VBA编程基础

知识点1　VBA的关键字和标识符
知识点2　VBA的数据类型、常量、变量和数组
知识点3　VBA 的属性、对象、方法及运算符
知识点4　VBA的函数
知识点5　VBA的基本语句结构
知识点6　VBA过程

8.4.1　自主学习

(1) VBA的关键字都有哪些？
(2) VBA变量的声明方法及使用方法是什么？
(3) VBA数组的使用方法是什么？
(4) VBA常用运算符有哪些？表达式的计算方法有哪些？
(5) 输入函数、输出函数和其他函数的格式及常用的方法有哪些？
(6) VBA三种控制结构的语法格式是怎样的？

(7) VBA 子过程的定义格式及调用方法是怎样的？

(8) VBA 自定义函数的定义格式及调用方法是怎样的？

8.4.2　能力测试题答案

1．步骤①：启动 Excel，进入 VBE 开发环境。

步骤②：插入模块，编写程序代码。

```
Public Sub inputinfo()
    Dim no As String                    '声明变量
    Dim name As String
    Dim sex As String
    Dim address As String
    Dim tel As String
    MsgBox ("欢迎登录")    '提示信息
    no = InputBox("请输入学生的学号", "录入信息", "[输入学号]")         '录入学生基本信息
    name = InputBox("请输入学生的姓名", "录入信息", "[输入姓名]")
    sex = InputBox("请输入学生的性别", "录入信息", "[输入性别]")
    address = InputBox("请输入学生的籍贯", "录入信息", "[输入籍贯]")
    tel = InputBox("请输入学生的电话", "录入信息", "[输入电话]")
    MsgBox "您录入的学生学号是:" & no & vbCrLf & _
    "您录入的学生姓名是:" & name & vbCrLf & _
    "您录入的学生性别是:" & sex & vbCrLf & _
    "您录入的学生籍贯是:" & address & vbCrLf & _
    "您录入的学生电话是:" & tel
End Sub
```

步骤③：调试并运行程序。

2．步骤①：启动 Excel，进入 VBE 开发环境。

步骤②：插入模块，编写程序代码。

```
Public Sub RndTest()
Dim random As String
    Randomize
    random = Int(Rnd * 10) + 1
    Debug.Print "产生的 1 到 10 之间的随机数是：" & vbCrLf & random
End Sub
```

步骤③：调试并运行程序。

3．示例：编写判断两个数中的最大值和最小值的代码。

步骤①：启动 Excel，进入 VBE 开发环境。

步骤②：插入模块，编写程序代码。

```
Public Sub MaxTest()
    Dim x1 As Integer
    Dim x2 As Integer
    Dim Max As Integer
    Dim Min As Integer
    x1 = 66
    x2 = 168
```

```
    Debug.Print "指定的两个数分别是：" & x1 & "、" & x2 & vbCrLf
    Max = IIf(x1 > x2, x1, x2)
    Debug.Print "这两个数最大值是：" & Max & vbCrLf
    Min = IIf(x1 < x2, x1, x2)
    Debug.Print "这两个数最小值是：" & Min
End Sub
```

步骤③：调试并运行程序。

4．步骤①：启动 Excel，进入 VBE 开发环境。

步骤②：插入模块，编写程序代码。

```
Sub test()
    Dim a1 As Integer          '用于暂存数列各项
    Dim sum As Long            '用于存储最终结果
    Dim cont As Integer        '用于循环计数
    a1 = 1
    sum = 0
    cont = 1
    While cont <= 100
        sum = sum + a1
        a1 = a1 + 1
        cont = cont + 1
    Wend
    MsgBox "1+2+3+…+100=" & sum, vbOKOnly, "使用 While…Wend 循环求数列的和"
End Sub
Sub test2()
    Dim a1 As Integer          '用于暂存数列各项
    Dim sum As Long            '用于存储最终结果
    Dim cont As Integer        '用于循环计数
    a1 = 1
    sum = 0
    cont = 1
    Do While cont <= 100
        sum = sum + a1
        a1 = a1 + 1
        cont = cont + 1
    Loop
    MsgBox "1+2+3+…+100=" & sum, vbOKOnly, "使用 Do While…Loop 循环求数列的和"
End Sub
Sub test3()
    Dim a1 As Integer          '用于暂存数列各项
    Dim sum As Long            '用于存储最终结果
    Dim cont As Integer        '用于循环计数
    a1 = 1
    sum = 0
    cont = 1
    Do
        sum = sum + a1
        a1 = a1 + 1
        cont = cont + 1
```

```
    Loop While cont <= 100
    MsgBox "1+2+3+…+100=" & sum, vbOKOnly, "使用 Do…Loop While 循环求数列的和"
End Sub
```

步骤③：调试并运行程序。

5．步骤①：启动 Excel，进入 VBE 开发环境。

步骤②：插入模块，编写程序代码。

```
Sub test()
    Dim result As Long
    Dim i As Integer
    i = Val(InputBox("请输入需要计算的阶乘数"))          '输入计算的阶乘数
    result = JC(i)                                       '调用阶乘函数
    MsgBox i & "的阶乘为：" & result                     '显示结果
End Sub
Function JC(i As Integer)
    If i = 0 Then
        JC = 1
    ElseIf i = 1 Then
        JC = 1
    Else
        JC = JC(i - 1) * i                               '递归调用阶乘函数
    End If
End Function
```

步骤③：调试并运行。

6．示例：输入任意 6 个整数进行数据排序。

步骤①：启动 Excel，进入 VBE 开发环境。

步骤②：插入模块，编写程序代码。

```
Public a(6) As Integer
Sub test()
    Dim i As Integer
    Dim j As Integer
    Dim min As Integer
    Dim temp As Integer
    For i = 1 To 6
        a(i) = CInt(InputBox("请输入第 " & i & "个整数", "排序"))
    Next
    Debug.Print
    Debug.Print "输入了如下 6 个整数"
    Call output                                          '调用输出过程打印要排序的数值
    PX                                                   '调用排序函数
    Debug.Print
    Debug.Print "完成排序的 6 个整数："
    Call output                                          '调用输出过程打印已经排序的数值
End Sub
Function PX()                                            '排序函数
    For i = 1 To 5
        min = i
```

```
            For j = i + 1 To 6
            If a(min) > a(j) Then
                min = j
            End If
    Next
        temp = a(i)
        a(i) = a(min)
        a(min) = temp
        Next
    End Function
    Sub output()                                    '输出过程
        For i = 1 To 6
            Debug.Print a(i) & "，";
        Next
End Sub
```

步骤③：调试并运行程序。

第 9 单元 Excel VBA

9.1 Excel VBA 的常用对象

知识点 1 Application 对象
知识点 2 Workbook 对象
知识点 3 Worksheet 对象
知识点 4 Range 对象
知识点 5 Chart 对象

9.1.1 自主学习

(1) Application 属性及方法的扩展学习。
(2) Workbook 工作簿属性及方法的扩展学习。
(3) Worksheet 工作表属性及方法的扩展学习。
(4) Range 单元格属性及方法的扩展学习。
(5) VBA 中的 Activate 方法和 Select 方法看起来似乎相同，其实二者是有区别的。Activate 方法的作用是激活，而 Select 方法的作用是选择，请举例说明。

【提示】

Activate 方法：该区域呈选中状态，只改变活动单元格为激活单元格。
Select 方法：只有选中的单元格呈选中状态。

(6) 控制单元格数据的重复输入。
(7) 格式化文字框中的内容。
(8) 动态增加工作表。
(9) 动态播放音乐的 Excel 文件。
(10) 动态删除所有空白的工作表。

9.1.2 能力测试题答案

1．步骤①：启动 Excel，进入 VBE 开发环境。
步骤②：插入模块，编写程序代码。

```
Sub 激活 Word()
    Application.ActivateMicrosoftApp Index:=xlMicrosoftWord
```

```
End Sub
Sub 激活计算器()
    Application.ActivateMicrosoftApp Index:=0
End Sub
Sub 激活 Access()
    Application.ActivateMicrosoftApp Index:=xlMicrosoftAccess
End Sub
```

步骤③：调试并运行程序。

2．步骤①：启动 Excel，进入 VBE 开发环境。

步骤②：插入模块，编写程序代码。

```
Private Sub workbook_beforeclose(cancel As Boolean)
  If Me.Saved = False Then Me.Save
End Sub
```

③ 调试并运行程序。

3．步骤①：启动 Excel，进入 VBE 开发环境。

步骤②：插入模块，编写程序代码。

```
Sub 导出工作表为文本文件()
    Application.ScreenUpdating = False
    Application.DisplayAlerts = False
    Dim s1 As String, w1 As Worksheet
    Dim s2 As String
    s2 = Application.InputBox(prompt:="请输入导出的文本文件名称：",Title:="导出文件", Type:=2)
    If s2 = "" Then Exit Sub
    s1 = ActiveWorkbook.Path
    Set w1 = ActiveSheet
    w1.SaveAs Filename:=s1 & "\导出工作表" & s2 & ".txt", FileFormat:=xlUnicodeText
    ActiveWindow.Close
    Application.DisplayAlerts = True
    Application.ScreenUpdating = True
End Sub
```

步骤③：调试并运行程序。

4．步骤①：启动 Excel，进入 VBE 开发环境。

步骤②：插入模块，编写程序代码。

```
Sub 工作表排序()
    Dim i As Long, j As Long
    For i = 1 To Worksheets.Count
      For j = 1 To Worksheets.Count - 1
       If UCase$(Worksheets(j).Name) > UCase$(Worksheets(j + 1).Name) Then
            Worksheets(j).Move after:=Worksheets(j + 1)
        End If
      Next j
    Next i
End Sub
```

步骤③：调试并运行程序。

5．步骤①：启动 Excel，进入 VBE 开发环境。

步骤②：插入模块，编写程序代码。

```
Sub 添加超链接()
    Dim i As Integer
    With ActiveSheet
        For i = 1 To Worksheets.Count – 1
            .Cells(i + 2, 2).Value = Worksheets(i + 1).Name
            .Hyperlinks.Add anchor:=Cells(i + 2, 2), Address:="", _
                SubAddress:=Cells(i + 2, 2).Value & "!b3", _
                TextToDisplay:=Cells(i + 2, 2).Value
        Next
    End With
End Sub
```

步骤③：调试并运行程序。

6．步骤①：启动 Excel，进入 VBE 开发环境。

步骤②：插入模块，编写程序代码。

```
Sub 拆分单元格()
    Dim i As Range
    If Not Selection.MergeCells Then
        MsgBox "选中区域不是合并区域！"
        Exit Sub
    End If
    Selection.UnMerge    '单元格拆分
        For Each i In Selection    '逐个处理选中区域的单元格
        If i = "" Then '若当前单元格为空
                i = i.Offset(–1, 0).Value '取上一个单元格的值
        End If
    Next
End Sub
```

步骤③：调试并运行程序。

7．步骤①：启动 Excel，进入 VBE 开发环境。

步骤②：插入模块，编写程序代码。

```
Sub 保存成图片()
    If ActiveChart Is Nothing Then
        MsgBox "请选择要保存成图片的图表！"
        Exit Sub
    End If

    ActiveChart.CopyPicture appearance:=xlScreen, Format:=xlBitmap
    ActiveWindow.Visible = False
    Range("k1").Select
    ActiveSheet.Paste
End Sub
```

步骤③：调试并运行程序。

8．程序①：启动 Excel，进入 VBE 开发环境。

程序②：插入模块，编写程序代码。

```
Sub 文件选择器()
    Dim i As Long
    ActiveSheet.Columns(1).Clear
    With Application.FileDialog(msoFileDialogFilePicker)'开启文件选择器对话框
```

```
        .AllowMultiSelect = True
        .Show
        ActiveSheet.Cells(1, 1)= "选择的文件"
            For i = 1 To .SelectedItems.Count '显示所选的每个文件的路径
            ActiveSheet.Cells(i + 1, 1)= .SelectedItems(i)
            Next
            ActiveSheet.Range(Cells(1, 1), Cells(1, 1)).Columns.AutoFit
            End With
    End Sub
```

步骤③：调试并运行程序。

9. 步骤①：启动 Excel，进入 VBE 开发环境。

步骤②：插入模块，编写程序代码。

```
    Sub 柱状图表动画()
        x = Range("A65536").End(xlUp).Row
        Range("b2:b" & x).ClearContents
        For i = 2 To x
            Do
                Cells(i, 2)= Cells(i, 2)+ 1
                VBA.DoEvents
            Loop Until Cells(i, 2)>= Cells(i, 3)
        Next i
    End Sub
```

步骤③：调试并运行程序。

10. 步骤①：启动 Excel，进入 VBE 开发环境。

步骤②：插入模块，编写程序代码。

```
    Sub shtAdd()
    '根据 C 列的班级名称新建不同的工作表
        Dim i As Integer, sht As Worksheet
        i = 2                                               '第一条记录的行号为 2
        Set sht = Worksheets("成绩表")
        Do While sht.Cells(i, "C")<> ""                     '定义循环条件
            Worksheets.Add after:=Worksheets(Worksheets.Count)
                                                            '在所有工作表后插入新工作表
            ActiveSheet.Name = sht.Cells(i, "C").Value      '更改工作表的标签名
            i = i + 1                                       '行号增加 1
            Loop
    End Sub
```

步骤③ 调试并运行程序。

9.2 Excel VBA 操作实战

知识点 1　数据查找、排序及筛选

知识点 2　数据的条件格式操作

知识点 3　函数与公式操作

知识点 4　窗体和控件的应用

知识点 5　文件系统的操作

知识点 6　数据库的操作

知识点 7　调试与优化

9.2.1　自主学习

(1) 窗体控件和 ActiveX 控件的区别。

【提示】

① 窗体控件只能在工作表中通过设置控件的格式或指定宏来使用；

② ActiveX 控件拥有很多的属性和事件，可以在工作表和用户窗体中使用；

③ 如果只是单纯编辑数据，那么使用窗体控件就可以了；如果在编辑数据的同时还要进行其他的操作，可以使用 ActiveX 控件。

(2) Input 函数与 Application.InputBox 方法的区别。

【提示】Input 函数只能返回一个 String 型的字符串，而 Application.InputBox 方法返回的数据类型不确定。而且 Application.InputBox 方法比 Input 函数多了一个 Type 参数，如表 9-2-1 所示。

(3) Application 对象的 FindFile 方法和 GetOpenFilename 方法的区别。

【提示】两者都是显示打开对话框，但 GetOpenFilename 方法并不会打开选中的文件，而会返回所选文件的文件名(含路径)的字符串。

(4) 设置打开 Word 文档的 460 页。

(5) 如何利用函数创建文件目录？

(6) 动态向文件添加数据。

(7) 利用 Animation 控件播放 AVI 动画。

(8) 利用多页控件实现 GIF 动画的显示。

(9) 如何合并所有工作表到一个表中？

(10) 动态打印预览 Excel 数据表的信息。

表 9-2-1　Type 参数设置

Type 参数	描述
0	公式
1	数字
2	文本(字符串)
4	逻辑值(True 或 False)
8	单元格引用(Range)对象
16	错误值
24	数值数组

9.2.2　能力测试题答案

1. 步骤①：启动 Excel，进入 VBE 开发环境。

步骤②：插入用户模块，编写程序代码。

```
Option Explicit
Private Sub CommandButton1_Click()
    If TextBox1.Value = "" Or ComboBox1.Value = "" Or TextBox2.Value = ""
    Then                                                    '判断信息是否输入完整
        MsgBox "信息输入域不完整，请重新输入！", vbExclamation, "错误提示"
        Exit Sub
    End If
    Dim xrow As Integer
    xrow = Range("A1").CurrentRegion.Rows.Count + 1        '求第一个空行行号
    '将姓名、性别、出生年月写入第一个空行
    Cells(xrow, "A") = TextBox1.Value
    Cells(xrow, "B") = TextBox2.Value
    Cells(xrow, "C") = ComboBox1.Value
    '将内容写入工作表后，将控件中的内容清空
    TextBox1.Value = ""
    ComboBox1.Value = ""
    TextBox2.Value = ""
End Sub
```

```
Private Sub CommandButton2_Click()
    Unload Me                                    '卸载录入窗体
End Sub
Private Sub UserForm_Initialize()
    ComboBox1.List = Array("男", "女")          '设置性别复合框的条件为"男"和"女"
End Sub
```

步骤③：调试并运行程序，运行结果如图9-2-1所示。

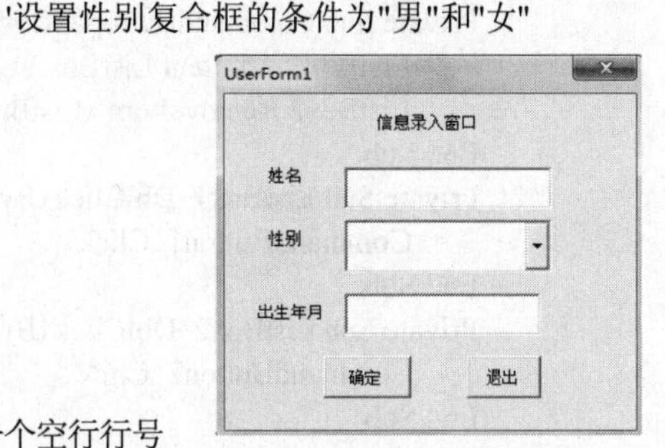

图9-2-1　运行结果

2．步骤①：启动Excel，进入VBE开发环境。

步骤②：插入模块，编写程序代码。

```
Sub biaozhun()
    Dim xrow As Integer
    With Worksheets("调查结果")
    xrow = .[A1].CurrentRegion.Rows.Count + 1 '取得第一个空行行号
    .Cells(xrow, "A") = [d5] '写入学员ID
    '写入2到9题的选择结果
    .Cells(xrow, "B").Resize(1, 16).Value = Application.WorksheetFunction.Transpose([j10:j25].Value)
    .Cells(xrow, "R").Value = [b59].Value '写出学员对课程的建议
    End With
    Union([d5:e5], [j10:j25], [b59:h67]).ClearContents '清除调查问卷中所有的答案
    MsgBox "已保存到调查结果作表中!", vbInformation, "提示"
End Sub
```

步骤③：调试并运行程序。

3．步骤①：启动Excel，进入VBE开发环境。

步骤②：插入模块，编写程序代码。

```
Private Sub Workbook_SheetSelectionChange(ByVal Sh As Object, ByVal Target As Range)
    Dim x As Integer
    Dim y As Integer
    Dim mystr As String
    x = Target.Row
    y = Target.Column
    Select Case True
        Case Application.WorksheetFunction.IsText(Worksheets("sheet1").Cells(x, y))
            mystr = "字符型"
        Case Application.WorksheetFunction.IsErr(Worksheets("sheet1").Cells(x, y))
            mystr = "错误类型"
        Case Application.WorksheetFunction.IsLogical(Worksheets("sheet1").Cells(x, y))
            mystr = "逻辑型"
        Case Application.WorksheetFunction.IsNumber(Worksheets("sheet1").Cells(x, y))
            mystr = "数值型"
        Case IsDate(Worksheets("sheet1").Cells(x, y))
            mystr = "日期型"
        Case IsEmpty(Worksheets("sheet1").Cells(x, y))
            mystr = "空值型"
    End Select
    MsgBox "当前活动单元格的数据类型是：" & mystr
End Sub
```

步骤③：调试并运行程序。

4．步骤①：启动Excel，进入VBE开发环境。

步骤②：插入用户模块，编写程序代码。

```
Private Sub CommandButton1_Click()
    ListBox2.AddItem ListBox1.List(ListBox1.ListIndex)
    ListBox1.RemoveItem (ListBox1.ListIndex)
End Sub
Private Sub CommandButton2_Click()
    ListBox1.AddItem ListBox2.List(ListBox2.ListIndex)
    ListBox2.RemoveItem (ListBox2.ListIndex)
End Sub
Private Sub ListBox1_DblClick(ByVal Cancel As MSForms.ReturnBoolean)
    CommandButton1_Click
End Sub
Private Sub ListBox2_DblClick(ByVal Cancel As MSForms.ReturnBoolean)
    CommandButton2_Click
End Sub
Private Sub UserForm_Initialize()
    ListBox1.AddItem "学号"
    ListBox1.AddItem "姓名"
    ListBox1.AddItem "性别"
    ListBox1.AddItem "年龄"
    ListBox1.AddItem "电话"
    ListBox1.AddItem "籍贯"
    ListBox1.AddItem "邮箱"
    ListBox1.AddItem "qq"
    ListBox1.AddItem "个人主页"
End Sub
```

步骤③：调试并运行程序，运行结果如图 9-2-2 所示。

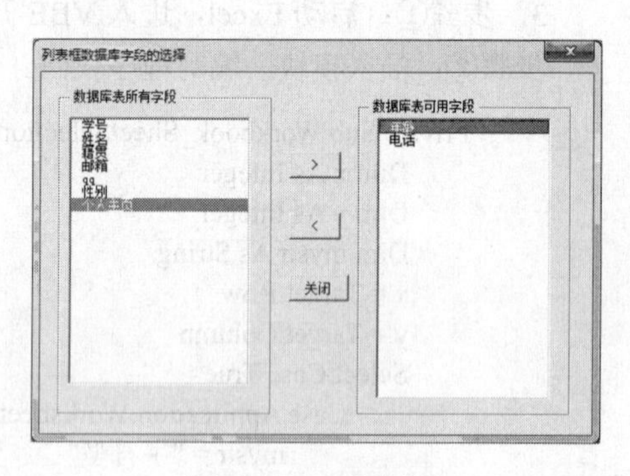

图 9-2-2　运行结果

5．步骤①：启动 Excel，进入 VBE 开发环境。

步骤②：插入模块，编写程序代码。

```
Sub 显示工作表名称for()
    Dim a%, i%, str As String
    a = Worksheets.Count
    For i = 1 To a
        str = Worksheets(i).Name
        Cells(i, 1).Value = str
    Next
    Cells(i, 1).Value = "共有" & a & "个工作表"
End Sub

Sub 显示工作表名称foreach()
    Dim b As Worksheet, k%
    For Each b In Worksheets
        k = k + 1
        Cells(k, 2) = b.Name
    Next
End Sub
```

步骤③：调试并运行程序。

6．步骤①：启动 Excel，进入 VBE 开发环境。

步骤②：插入用户模块，编写程序代码。

```
Private Sub ScrollBar1_Change()
    TextBox1.Text = ScrollBar1.Value
```

```
        Label1.BackColor = RGB(ScrollBar1.Value, ScrollBar2.Value, ScrollBar3.Value)
    End Sub
    Private Sub ScrollBar2_Change()
        TextBox2.Text = ScrollBar2.Value
        Label1.BackColor = RGB(ScrollBar1.Value, ScrollBar2.Value, ScrollBar3.Value)
    End Sub
    Private Sub ScrollBar3_Change()
        TextBox3.Text = ScrollBar3.Value
        Label1.BackColor = RGB(ScrollBar1.Value,
            ScrollBar2.Value, ScrollBar3.Value)
    End Sub
```

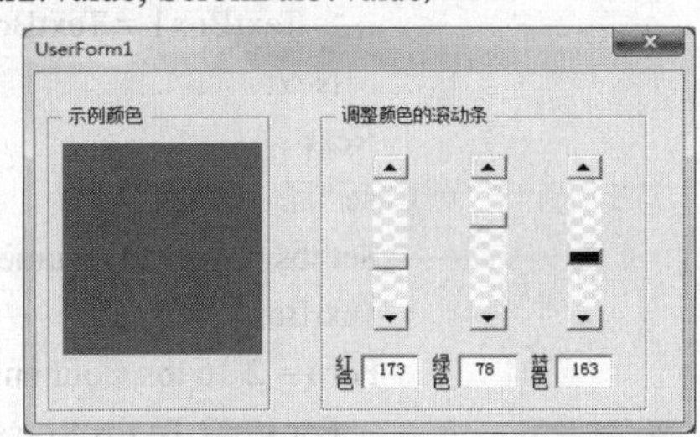

图 9-2-3　运行结果

步骤③：调试并运行程序，运行结果如图 9-2-3 所示。

7．步骤①：启动 Word，进入 VBE 开发环境。

步骤②：插入用户模块，编写程序代码。

```
Private Sub ComboBox1_MouseDown(ByVal Button As Integer, ByVal Shift As
                Integer, ByVal X As Single, ByVal Y As Single)
    ComboBox1.AddItem "直辖市"
    ComboBox1.AddItem "河北省"
    ComboBox1.AddItem "辽宁省"
    ComboBox1.AddItem "山西省"
End Sub
Private Sub CommandButton1_Click()          '把区号添加到复合框控件
    Dim tbs                                 '用于存放表格名称
    qh = ComboBox1.Value
    Select Case qh
      Case "直辖市"
        Set tbs = ActiveDocument.Tables(1)
        TextBox1 = ""
        For i = 2 To tbs.Columns.Count Step 2
          For k = 2 To tbs.Rows.Count
            t1 = Mid(tbs.Cell(k, i - 1).Range.Text, 1, Len(tbs.Cell(k, i - 1).Range.Text) - 2)
            t2 = Mid(tbs.Cell(k, i).Range.Text, 1, Len(tbs.Cell(k, i).Range.Text) - 2)
            TextBox1 = TextBox1 & t1 & " " & t2 & vbCrLf
          Next
        Next
      Case "河北省"
        Set tbs = ActiveDocument.Tables(2)
        TextBox1 = ""
        For i = 2 To tbs.Columns.Count Step 2
          For k = 2 To tbs.Rows.Count
            t1 = Mid(tbs.Cell(k, i - 1).Range.Text, 1, Len(tbs.Cell(k, i - 1).Range.Text) - 2)
            t2 = Mid(tbs.Cell(k, i).Range.Text, 1, Len(tbs.Cell(k, i).Range.Text) - 2)
            TextBox1 = TextBox1 & t1 & " " & t2 & vbCrLf
          Next
        Next
        Case "山西省"
        Set tbs = ActiveDocument.Tables(3)
        TextBox1 = ""
```

```
            For i = 2 To tbs.Columns.Count Step 2
              For k = 2 To tbs.Rows.Count
                t1 = Mid(tbs.Cell(k, i - 1).Range.Text, 1, Len(tbs.Cell(k, i - 1).Range.Text) - 2)
                t2 = Mid(tbs.Cell(k, i).Range.Text, 1, Len(tbs.Cell(k, i).Range.Text) - 2)
                TextBox1 = TextBox1 & t1 & " " & t2 & vbCrLf
              Next
            Next
          Case "辽宁省"
            Set tbs = ActiveDocument.Tables(4)
            TextBox1 = ""
            For i = 2 To tbs.Columns.Count Step 2
              For k = 2 To tbs.Rows.Count
                t1 = Mid(tbs.Cell(k, i - 1).Range.Text, 1, Len(tbs.Cell(k, i - 1).Range.Text) - 2)
                t2 = Mid(tbs.Cell(k, i).Range.Text, 1, Len(tbs.Cell(k, i).Range.Text) - 2)
                TextBox1 = TextBox1 & t1 & " " & t2 & vbCrLf
              Next
            Next
      End Select
  End Sub
  Private Sub CommandButton2_Click()
      TextBox1 = ""
  End Sub
  Private Sub CommandButton3_Click()
      End
  End Sub
  Private Sub Document_Open()                        '打开文档时自动运行窗体
      UserForm1.Show
  End Sub
```

步骤③：调试并运行程序，运行结果如图 9-2-4 所示。

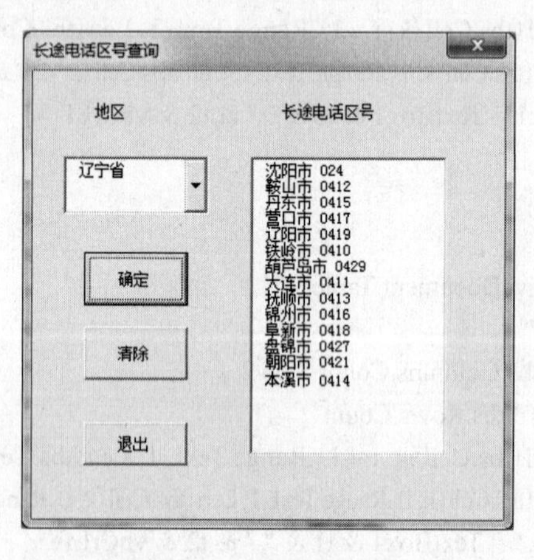

图 9-2-4　运行结果

8．步骤①：启动 PowerPoint，进入 VBE 开发环境。

步骤②：插入 Flash 文件，插入 6 个按钮，分别编写程序代码。

```
Private Sub Cmd_back_Click()
    ShockwaveFlash1.FrameNum = ShockwaveFlash1.FrameNum – 30
    ShockwaveFlash1.Play
End Sub
Private Sub Cmd_end_Click()
    ShockwaveFlash1.StopPlay
    ShockwaveFlash1.FrameNum = ShockwaveFlash1.TotalFrames
End Sub
Private Sub Cmd_forward_Click()
    ShockwaveFlash1.FrameNum = ShockwaveFlash1.FrameNum + 30
    ShockwaveFlash1.Play
End Sub
Private Sub Cmd_pause_Click()
    ShockwaveFlash1.StopPlay
End Sub
Private Sub Cmd_Play_Click()
    ShockwaveFlash1.Play
End Sub
Private Sub Cmd_start_Click()
    ShockwaveFlash1.FrameNum = 1
    ShockwaveFlash1.Play
End Sub
```

步骤③：调试并运行程序，运行结果如图 9-2-5 所示。

播放　暂停　重放　快进　快退　结束

图 9-2-5　运行结果

9．步骤①：启动 Excel，进入 VBE 开发环境。

步骤②：插入模块，编写程序代码。使用 Collection 集合对象的目的不是去除重复，而是将已经取出的随机数从集合对象中清除。

```
Sub 不重复的随机数()
    Dim only As Collection, i As Integer, j As Integer, index As Integer, _
    arr(), star As Integer, ends As Integer
    star = 30: ends = 50 '指定起止数，在此范围中不产生重复的随机数
    Set only = New Collection '声明一个集合对象
    For i = star To ends '将需要的所有不重复值全导入集合中
        only.Add i
```

```
        Next
        ReDim arr(star To ends)'生成一个按起止数值一致大小的数组
        For i = 1 To only.Count '遍历集合
            Randomize   '初始化随机数生成器
            index = CInt(Rnd * (only.Count - 1)) + 1 '生成一个 1 到集合总数之间的随机数
            j = j + 1 '累加变量，变量的个数等于不重复值总数
            arr(star - 1 + j) = only.Item(index) '逐个将随机数写入数组中
            only.Remove index '移除已经写入集合的随机数
            Next
        [A1].Resize(ends - star + 1, 1) = WorksheetFunction.Transpose(arr)
        '将数组导出到单元格
        Set only = Nothing
    End Sub
```

步骤③：调试并运行程序。

10．步骤①：启动 Excel，进入 VBE 开发环境。

步骤②：在 Thisbook 中编写程序代码。

```
    Private Sub Workbook_Open()
        ThisWorkbook.FollowHyperlink "http://www.lnist.edu.cn"
    End Sub
```

或者：

```
    Private Sub CommandButton1_Click()
        ActiveWorkbook.FollowHyperlink "http://www.lnist.edu.cn/"
    End Sub
    Private Sub CommandButton2_Click()
        ActiveWorkbook.FollowHyperlink "http://www.163.com/"
    End Sub
```

步骤③：调试并运行程序，运行结果如图 9-2-6 所示。

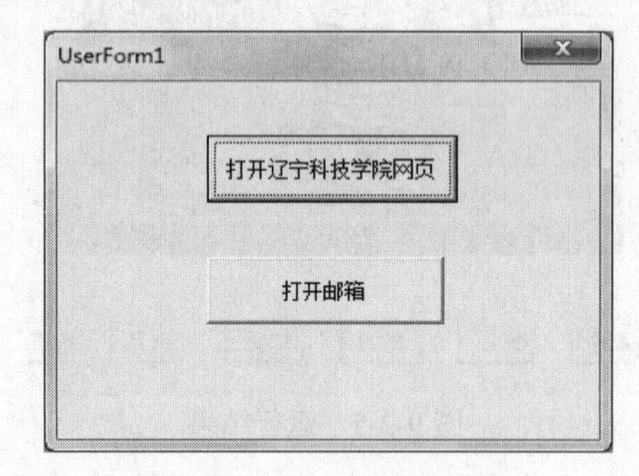

图 9-2-6　运行结果